未来可期
The future
is promising.
華東理工大學出版社

# 数学不烦恼

## 从三角形到勾股定理

【韩】郑玩相◎著 【韩】金愍◎绘 章科佳 王艺◎译

華東理工大學出版社
EAST CHINA UNIVERSITY OF SCIENCE AND TECHNOLOGY PRESS
·上海·

图书在版编目（CIP）数据

数学不烦恼. 从三角形到勾股定理 /（韩）郑玩相著；（韩）金慜绘；章科佳，王艺译. —上海：华东理工大学出版社，2024.5

ISBN 978-7-5628-7360-0

Ⅰ. ①数… Ⅱ. ①郑… ②金… ③章… ④王… Ⅲ. ①数学－青少年读物 Ⅳ. ①O1-49

中国国家版本馆CIP数据核字（2024）第078576号

著作权合同登记号：图字09-2024-0143

중학교에서도 통하는 초등수학 개념 잡는 수학툰 2: 삼각형에서 피타고라스의 정리까지


策划编辑 / 曾文丽
责任编辑 / 曾文丽
责任校对 / 金美玉
装帧设计 / 居慧娜
出版发行 / 华东理工大学出版社有限公司
地址：上海市梅陇路 130 号，200237
电话：021-64250306
网址：www.ecustpress.cn
邮箱：zongbianban@ecustpress.cn
印　　刷 / 上海邦达彩色包装印务有限公司
开　　本 / 890 mm × 1240 mm　1/32
印　　张 / 4.25
字　　数 / 76 千字
版　　次 / 2024 年 5 月第 1 版
印　　次 / 2024 年 5 月第 1 次
定　　价 / 35.00 元

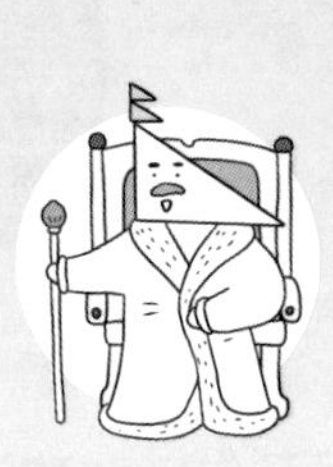

理解数学的思维和体系，

发现数学的美好与有趣！

# 《数学不烦恼》系列丛书的内容构成

漫画最大限度地展现了作者对数学的独到见解。

学起来很吃力的数学，原来还可以这么有趣！

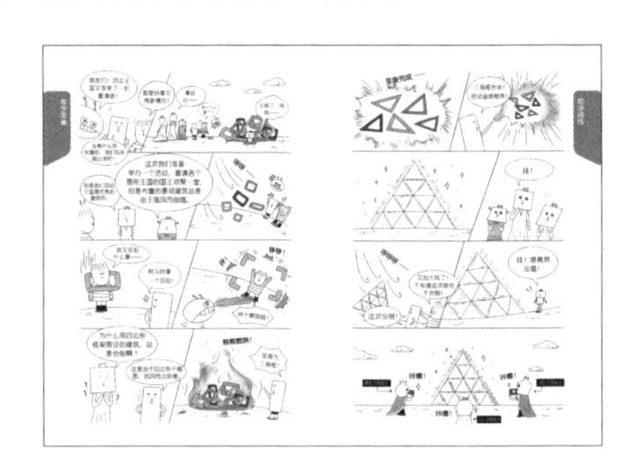

中小学数学的教材内容是相互衔接的，本书对相关的衔接内容进行了单独呈现。

数学

从三角形到勾股定理

推荐语1　培养数学的眼光去观察生活

推荐语2　从几何的角度看世界

推荐语3　解决数学应用题烦恼的必读书目

自序　数学——一门美好又有趣的学科

序章

漫游四边王国

三角形的分类

我们永远也无法相遇

平行角的性质

四边王国的公主们

四边形的分类

概念整理自测题

概念巩固　郑教授的视频课

三角形的内角之和是180°

## 概念整理自测题——测验对概念的理解程度

解答自测题，可以确认自己对书中内容的理解程度，书末的附录中还附有详细的答案。

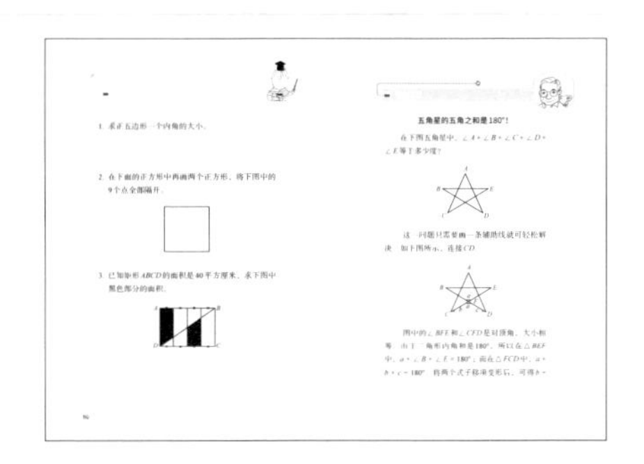

1. 求正五边形一个内角的大小。

2. 在下面的正方形中再画两个正方形，将下图中的9个点全部隔开。

3. 已知矩形 $ABCD$ 的面积是40平方厘米，求下图中黑色部分的面积。

**五角星的五角之和是180°！**

在下图五角星中，$\angle A+\angle B+\angle C+\angle D+\angle E$ 等于多少度？

这一问题只需要画一条辅助线就可轻松解决，如下图所示，连接 $CD$。

图中的 $\angle BFE$ 和 $\angle CFD$ 是对顶角，大小相等。由于三角形内角和是180°，所以在 $\triangle BEF$ 中，$a+\angle B+\angle E=180°$；而在 $\triangle FCD$ 中，$a+b+c=180°$。将两个式子移项变形后，可得 $b+$

扫一扫二维码，就能立即观看作者的线上授课视频。从有趣的数学漫画到易懂的插图和正文，从概念整理自测题再到在线视频，整个阅读体验充满了乐趣。

本书的“术语解释”部分运用通俗易懂的语言对一些重要的术语进行了整理和解释，以帮助读者更好地理解它们，达到和中小学数学教材内容融会贯通的效果。当需要总结相关概念的时候，或是在阅读本书的过程中想要回顾相关表述时，读者都可以在这一部分找到解答。

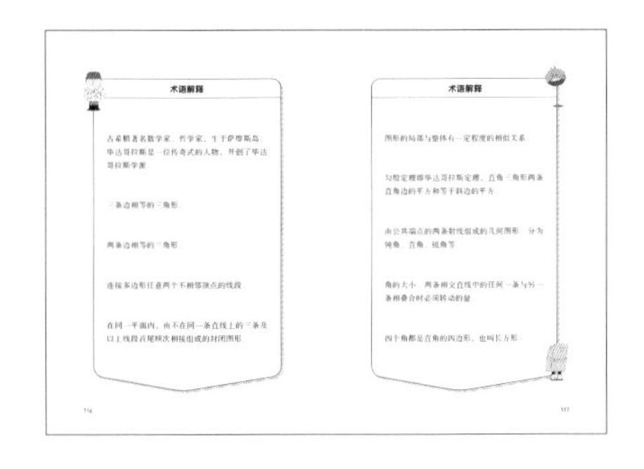

**术语解释**

古希腊著名数学家、哲学家，生于萨摩斯岛。毕达哥拉斯是一位传奇式的人物，并创了毕达哥拉斯学派。

三条边相等的三角形。

两条边相等的三角形。

连接多边形任意两个不相邻顶点的线段。

在同一平面内，由不在同一条直线上的三条及以上线段首尾顺次相接组成的封闭图形。

**术语解释**

图形的局部与整体有一定程度的相似关系。

勾股定理即毕达哥拉斯定理，直角三角形两条直角边的平方和等于斜边的平方。

由公共端点的两条射线组成的几何图形，分为钝角、直角、锐角等。

角的大小，两条相交直线中的任何一条与另一条相叠合时必须转动的量。

四个角都是直角的四边形，也叫长方形。

# 数学不烦恼

## 从三角形到勾股定理

### 知识点梳理

| | | |
|---|---|---|
| 小　学 | 一年级　认识图形<br>二年级　角的初步认识<br>三年级　长方形和正方形<br>三年级　面积<br>四年级　角的度量<br>四年级　平行四边形和梯形<br>四年级　三角形<br>五年级　多边形的面积 | 三角形、平行四边形和梯形的面积计算<br>三角形内角和为180°的证明<br>全等/相似三角形的判定<br>利用影子测量高度<br>勾股定理的证明 |
| 初　中 | 七年级　几何图形<br>七年级　直线、射线、线段<br>七年级　角<br>七年级　相交线<br>七年级　平行线及其判定<br>八年级　与三角形有关的线段<br>八年级　与三角形有关的角<br>八年级　多边形及其内角和<br>八年级　全等三角形<br>八年级　等腰三角形<br>八年级　勾股定理<br>八年级　平行四边形<br>八年级　特殊的平行四边形<br>九年级　图形的相似<br>九年级　相似三角形<br>九年级　奇妙的分形图形 | |

# 目录


推荐语1　培养数学的眼光去观察生活 /// 2

推荐语2　从几何的角度看世界 /// 4

推荐语3　解决数学应用题烦恼的必读书目 /// 7

自序　数学——一门美好又有趣的学科 /// 9

序章 /// 12

## 专题 1
## 三角形、四边形和平行线

漫游四边王国 /// 19

　三角形的分类

我们永远也无法相遇 /// 24

　平行线的性质

四边王国的公主们 /// 27

　四边形的分类

概念整理自测题 /// 32

概念巩固　郑教授的视频课 /// 33

　三角形的内角之和是180°

小学　认识图形、角的初步认识、长方形和正方形、角的度量、平行四边形和梯形、三角形

初中　几何图形，直线、射线、线段，角，相交线，平行线及其判定，与三角形有关的角，等腰三角形，平行四边形，特殊的平行四边形

专题 2

## 全等图形以及全等图形的面积

营救被绑架的四边王国公主 ///

图形的全等

求三角形的面积时为什么要除以2? ///

求四边形和三角形的面积

概念整理自测题 ///

概念巩固　郑教授的视频课 ///

数一数

面积、三角形、多边形的面积

全等三角形、平行四边形、图形的相似

## 专题 3
## 图形的相似与对角线


如果两个三角形相似，会发生什么？ /// 51

三角形的相似

连接多边形不相邻的两个顶点 /// [illegible]

对角线

概念整理自测题 /// [illegible]

概念巩固 郑教授的视频课 /// [illegible]

如何求菱形的面积计算公式？


三角形

与三角形有关的线段、与三角形有关的角、多边形及其内角和、图形的相似、相似三角形

## 专题 4

## 直角三角形和勾股定理

直角三角形斜边的秘密 /// 65

勾股定理

在正方形中画一条对角线 /// 67

勾股定理的简单证明

概念整理自测题 /// 69

概念巩固 郑教授的视频课 /// 71

勾股定理的证明

长方形和正方形、三角形、多边形的面积

等腰三角形、勾股定理

## 专题 5
## 利用三角形结构的建筑和四边形画家

建造稳固的建筑 /// 76
三角形的力量
用直线和四边形作画 /// 78
现代画家蒙德里安
概念整理自测题 /// 80
概念巩固　郑教授的视频课 /// 81
五角星的五角之和是180°！

小学　三角形
初中　与三角形有关的线段、多边形及其内角和

专题 6

## 分形——局部与整体相似

三角王国的特殊住宅 /// 86

三角形的房屋

数学家用数学作画的故事 /// 91

雪花画家——科赫

比一比，鬈发与直发 /// 93

分形维数的故事

概念整理自测题 /// 97

概念巩固　郑教授的视频课 /// 98

图形的转换——两个正方形变成一个正方形

小学　三角形

初中　奇妙的分形图形

专题 总结

附录

数学家的来信——毕达哥拉斯 /// 102
论文——小议翻折图形的性质 /// 105
专题1 概念整理自测题答案 /// 108
专题2 概念整理自测题答案 /// 109
专题3 概念整理自测题答案 /// 110
专题4 概念整理自测题答案 /// 111
专题5 概念整理自测题答案 /// 113
专题6 概念整理自测题答案 /// 115
术语解释 /// 116

## |推荐语1|

## 培养数学的眼光去观察生活

世界是由什么组成的呢？很多古代哲学家都对这一问题非常感兴趣，他们也分别提出了各自的主张。泰勒斯认为，世间的一切皆源自水；而亚里士多德则认为世界是由土、气、水、火构成的。可能在我们现代人看来，他们的这些观点非常荒谬。然而，先贤们的这些想法对于推动科学的发展意义重大。尽管观点并不准确，但我们也应当对他们这种努力解释世界本质的探究精神给予高度评价。

我希望孩子们能够抱着古代哲学家的这种心态去看待数学。如果用数学的眼光去观察、研究日常生活中遇到的各种现象，那么会是一种什么样的体验呢？如此一来，孩子们仅在教室里也能够发现许多数学原理。从教室的座位布局中，可以发现“行和列”；在调整座次、换新同桌时，就会想到“概率”；在组建学习小组时，又会联想到“除法”；在根据同班同学不同的特点，对他们进行分类的时候，会更加理解“集合”的概念。像这样，如果孩子们将数学当作观察世间万物的“眼睛”，那么数学就不再仅仅是一个单纯的解题工具，而是一门实用的学问，是帮助人们发现生活中各种有趣事物的方法。

而这本书恰好能够培养、引导孩子用数学的眼光观察这个世界。它将各年级学过的零散的数学知识按主题进行重新整合，把数学的概念和孩子的日常生活紧密相连，让孩子在沉浸于书中内容的同时，轻松快乐地学会数学概念和原理。对于学数学感到吃力的孩子来说，这将成为一次愉快的学习经历；而对于喜欢数学的孩子来说，又会成为一个发现数学价值的机会。希望通过这本书，能有更多的孩子获得将数学生活化的体验，更加地热爱数学。

中国科学院自然史研究所副研究员、数学史博士
郭园园

## |推荐语2|

这个世界似乎充斥着各种复杂的事物，但如果我们仔细观察，就会发现世界其实也非常简单。数学家说，我们可以用0和1的排列来解释整个世界；化学家说，世界由118种元素所组成；物理学家试图用他们界定的事物关系和原理来定义世界。同样，在几何学领域，学者们试图通过点、线、面的静态和动态来描述世界。

这本书把注意力集中于三角形这一种图形，并观察由此延伸出来的各种图形。

同样地，这本书关注的不是单纯的线，而是两条线之间的关系。两条线构成了何种形态？其形态特征意味着什么，又是如何延展的？这一思维的转变，帮助我们用全新的眼光去看待一直以来被认为难学的几何。

当我们观察一个物体时，有人关注这个物体的质地，有人关注这个物体的形状，有人关注这个物体的颜色。此外，也有人关注物体的状态以及它与其他事物的关系。因此，当几何的元素——点、线和面相连形成三角形或四边形等形状时，它就不再是以前的模样，而呈现出全新的面貌，拥有自己独特的属性。与此同时，人们试图通过观察来寻找它的新性质。这种好奇心造就了现在的几何学。通过这些新的观察，我们创造了独一无二的数学，本书就是基于这一点展开讲述几何学的。

首先，人们利用相似图形的边长比，求得它们之间的面积比；接着利用面积比，发现了勾股定理；然后又把图形的抽象化应用到日常生活中，建造出各种各样的建筑物。这便是数学知识从抽象的概念、定理到现实中的应用。这本书的内容涵盖了上述过程，并通过图画呈现了数学文化形成的完整面貌，就像是一部动漫电影。

此外，本书在处理点、线和面等几何问题的过程中，还提出了以下问题：

作者试图用分形来回答这个问题。当我们从有限空间进入无限空间，就可以观察不同的情况，也可以进行一场想象游戏。最终，想象让我们在部分中找到了无限。

这种新的想象帮助我们塑造未来的几何，塑造未来的维度。这是一个游戏，始于几何的点、线和面，终于想象力。因此，只需花很短的时间专心阅读此书，你就可以看到几何世界的样貌，并感知其中的抽象思考。

韩国数学教师协会原会长

李东昕

## |推荐语3|

很多学生觉得数学的应用题学起来非常困难。在过去，小学数学的教学目的就是解出正确答案，而现在，小学数学的教学越来越重视培养学生利用原有知识创造新知识的能力。而应用题属于文字叙述型问题，通过接触日常生活中的数学应用并加以解答，有效地提高孩子解决实际问题的能力。对于现在某些早已习惯了视频、漫画的孩子来说，仅是独立地阅读应用题的文字叙述本身可能就已经很困难了。

这本书具有很多优点，让读者沉浸其中，仿佛在现场聆听作者的讲课一样。另外，作者对孩子们好奇的问题了然于心，并对此做出了明确的回答。

在阅读这本书的过程中，擅长数学的学生会对数学更加感兴趣，而自认为学不好数学的学生，也会在不知不觉间神奇地体会到数学水平大幅度提升。

这本书围绕着主人公柯马的数学问题和想象展开，读者在阅读过程中，就会不自觉地跟随这位不擅长数学应用题的主人公的思路，加深对中小学数学各个重要内容的理解。书中还穿插着在不同时空转换的数学漫画，它使得各个专题更加有趣生动，能够激发读者的好奇心。全书内容通俗易懂，还涵盖了各种与数学主题相关的、神秘而又有趣的故事。

最后，正如作者在自序中所提到的，我也希望阅读此书的学生都能够成为一名小小数学家。

上海市松江区泗泾第五小学数学教师

徐金金

# 自序

数学是一门美好又有趣的学科。倘若第一步没走好，这一美好的学科也有可能成为世界上最令人讨厌的学科。相反，如果从小就通过有趣的数学书感受到数学的魅力，那么你一定会喜欢上数学，对数学充满自信。

正是基于此，本书旨在让开始学习数学的小学生，以及可能开始对数学产生厌倦的青少年找到数学的乐趣。为此，本书的语言力求通俗易懂，让小学生也能够理解中学乃至更高层次的数学内容。同时，本书内容主要是围绕数学漫画展开的。这样，读者就可以通过有趣的故事，理解数学中的重要概念。

数学家们的逻辑思维能力很强，同时他们又有很多“出其不意”的想法。当“出其不意”遇上逻辑，他们便会进入一个全新的数学世界。书中提到的研究三角形的数学家便是如此。本书旨在讲解关于三角形的基本知识点，不仅包括三角形的种类、三角形的性质、相似三角形等小学知识，还包括初中阶段学习的勾股定理[1]，并用小学生都能看懂的图画形式进行了证明。在本系列丛书中，我们一直想要解答读者关于为什么要学习数学的疑问。因此，本书内容涉及利用三角形构造的各种建筑物，还用通俗易懂的语言介绍了最近在数学领域颇为流行的分形理论，旨在告诉学生们三角形在生活中的重要作用。如果我们不是把数学当作提高分数的工具，而是把它看作一种认识世界的角度、一种解决问题的方法，那么我相信各位会发现数学的乐趣。

认识图形、角的初步认识、长方形和正方形、面积、角的度量、平行四边形和梯形、三角形、多边形的面积

几何图形，直线、射线、线段，角，相交线，平行线及其判定，与三角形有关的线段，与三角形有关的角，多边形及其内角和，全等三角形，等腰三角形，勾股定理，平行四边形，特殊的平行四边形，图形的相似，相似三角形，奇妙的分形图形

---

1 也称毕达哥拉斯定理。

希望通过本书介绍的三角形的性质、勾股定理、分形等内容，大家能够感受到三角形的魅力，了解三角形在我们生活中所发挥的重要作用。同时我也希望大家能够利用三角形建造新建筑或创造新设计。最后希望通过这本书，大家都能够成为一名小小数学家。

韩国庆尚国立大学教授

郑玩相

我叫柯马，非常讨厌数学。特别是应用题，一想到就头疼。
只有50分?! 你到底有没有在学习？
唉，不开心……
我为什么学不好数学啊？
唉……
咣当！
月亮旁边出现了一个新的月亮！
怎么会有两个月亮？！
咻——
你好呀，柯马！
你怎么会知道我的名字？！
!!

听说你因为数学而烦恼，我是来帮助你的！
来自数学星球的数学精灵
你要怎么帮我呢？
从现在开始，你将拥有神奇的魔法：可以跨越时空，穿梭于现实与幻想之间，去体验这个充满数学的世界！
啊！床自己飞起来了！
我是负责带你穿梭时空的百变“床怪”，我擅长图形与几何！
我是数学闹钟，你可以叫我“数钟”！
我擅长数和运算，让我来帮你提高数学！
相信我们就好啦！
向数学的奇幻世界出发！

### 因数学不好而苦恼的孩子

充满好奇心的柯马有一个烦恼，那就是不擅长数学，尤其是应用题，一想到就头疼，并因此非常讨厌上数学课。为数学而发愁的柯马，能解决他的烦恼吗？

### 闹钟形状的数学魔法师

原本是柯马床边的闹钟。来自数学星球的数学精灵将它变成了一个会飞的、闹钟形状的数学魔法师。

### 穿越时空的百变鬼才

数学精灵用柯马的床创造了它。它与柯马、数钟一起畅游时空，负责其中最重要的运输工作。它还擅长图形与几何。

专题 1

# 三角形、四边形和平行线

三角形和四边形的内容在小学数学中已经有所涉及，而初中的学习内容则涵盖相关图形的作图、组合，以及三角形和四边形的性质等。在本专题中，我们会用通俗易懂的语言来解释说明不同类型的三角形和四边形的性质，以及平行线、角和角度、内错角和对顶角等内容。经过本专题的阅读，你会懂得如何证明三角形的内角和为180°。

这一次我们讲三角形，该轮到我出马了！
我看好你哟！
我也能像你们一样当一回老师吗？
别担心，总有一天你也会教我们的。
准备好了吗？让我们一起去四边王国吧。
啊啊啊！
!!
到了！
我们怎么都变成三角了？
去那座城堡看看！
跌跌撞撞——

吱呀——
哇！都是些四四方方的公主呢！
我们不也是三角怪嘛！
你们好呀，三角怪们。我们是四边王国的公主。我是大姐——正方形公主！
我是二姐，平行四边形公主。这是小妹，梯形公主。
姐姐！我们来玩一个游戏，每个人选定一位三角形朋友，然后带他游览我们的王国，怎么样?
好主意！
请各位公主殿下向心仪的对象念出爱的咒语！
为什么没人喜欢我？
因为我和床怪跟你不一样，我们俩变身成了特殊的三角形！
不是所有的三角形都一样哦！
呜呜。

非特殊形状的图形不得进入本宴会厅。
宴会厅
我也想变得与众不同！
床怪，把柯马也变得特殊点！
没问题！
嘛咪嘛咪吽！
变身——！
朋友们！
快来，一起！
四四方方的美丽公主，
津津有味地嚼着
四四方方的饼干，
啊，四边一家人，
啊，四边一家人！
这是四边王国最有名的乐队——四方块。

# 漫游四边王国

## 三角形的分类

我还是不太理解，第一次变身的时候为什么我不够特殊。我和你们不都是三角形吗？一开始是三角形，现在不也是三角形吗？

等我们学完三角形，你就明白了。三角形是由同一平面内，不在同一条直线上的三条线段首尾顺次相连组成的封闭图形。我们结合下图来看。

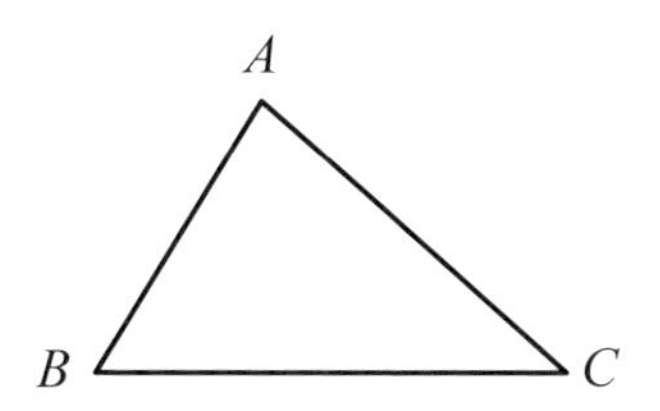


如图所示，点 $A$、$B$、$C$ 分别与相邻的两点相连形成三角形的边，即该三角形的三条边分别为边 $AB$、$BC$、$AC$；两条边相交的点，即点 $A$、$B$、$C$ 称为三角形的三个顶点。这个三角形记作 $\triangle ABC$，读作“三角形 $ABC$”。

第一次变身后，我也有三条边和三个顶点呀，为什么就不能进入宴会厅呢？

首先，你需要了解角和角度。

角和角度不是一样的吗？

并不是，角是由一点引出的两条射线组成的图形，如下图所示。

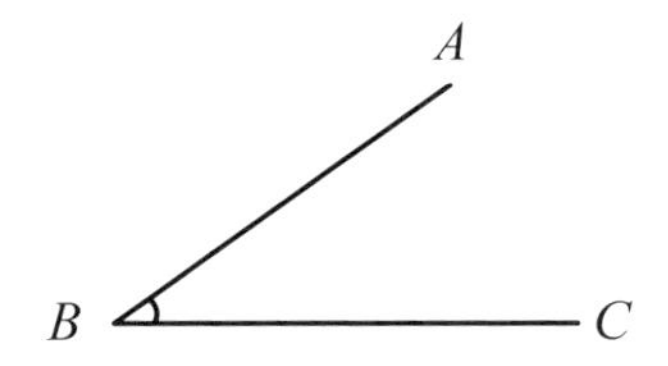


射线$BA$与射线$BC$组成角。这时点$B$叫作角的顶点，这两条射线叫作角的边。这个角读作“角$ABC$”或“角$CBA$”，也可以直接读作“角$B$”。角通常用符号“∠”表示，图中的角可以记作$\angle ABC$、$\angle CBA$或$\angle B$。

可以写作“$\angle BAC$”吗？

不可以，记录角时一定要把顶点放在中间。

那角度和角有什么不同？该如何正确区分角度和角呢？

角度就是角的大小。角的大小和两条边的长度无关，只和两条边张开的程度有关。见下图的两个角。

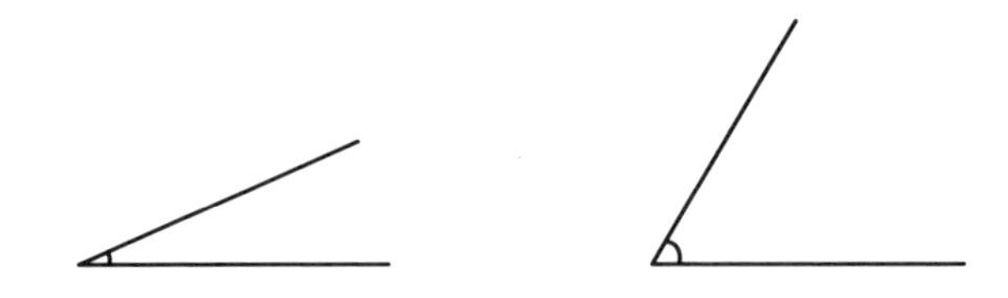

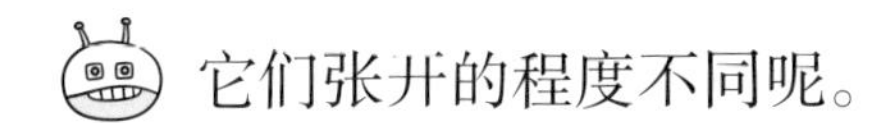
它们张开的程度不同呢。

右边的角比左边的张开程度更大，所以右边的角度比左边的更大。也就是说，两条边张开的程度越大，角度就越大。此外，当两条边相互垂直时，形成的角叫作直角，具体如下图。

我知道直角。在学校数学课上，我们用量角器测量过角的大小。画角时也经常听到“直角”这一概念。

如果我们把1直角等分成90份，每一份就是1度的角，记作1°，即1直角 = 90°。1直角的两倍即2直角，也称为平角，1平角 = 180°；1直角的三倍即3直角，3直角 = 270°；1直角的四倍即4直角，也称为周角，1周角 = 360°，周角是角的一边旋转一周形成的角。

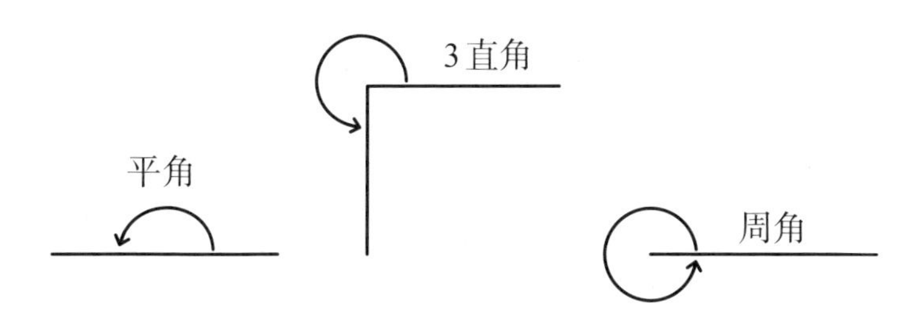

原来角和角度是不同的概念，必须分清楚才行呢。

好了，现在我们来看一下三角形三个角的和是多少度。请看下图，三角形的三个角相加，是不是就是一个平角？

那么三角形三个内角之和就是180°。

仔细观察数钟所变成的三角形，三条边的长度相同对吧？这种三条边长度相同的三角形叫作正三角形。

正三角形的三条边长度相等，仔细观察，你会发现三个角的大小也相等。

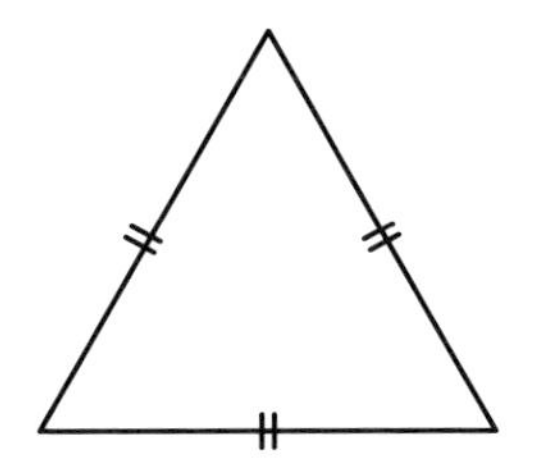

没错。

因为三角形三个角之和是180°，所以正三角形一个角的大小是60°。

再看一下我所变成的三角形。像这样，有两条边长度相等的三角形叫作等腰三角形。在等腰三角形中，有两个角的大小相等。

原来这就是等腰三角形，我明白了！好了，现在轮到我了。在第二次变身后，我有哪里变得特殊了吗?

现在我们来看一下柯马第二次变身后的模样。三角形有三个角，其中一个角是直角的三角形叫作直角三角形。如下图，在△$ABC$中，∠$B$为直角，所以△$ABC$叫作直角三角形。

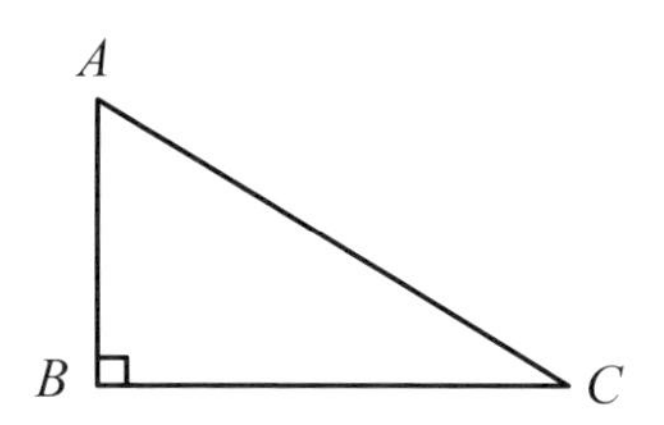


此时，不构成直角的边叫作斜边。直角三角形看起来像不像一个滑梯？

图中的边$AC$就是斜边啰？

是的。边$BC$叫作底边。

那么，边$AB$也有单独的名字吗？

边$AB$叫作三角形的高。正三角形、等腰三角形、直角三角形都属于特殊三角形。

啊哈！所以我变身成直角三角形后，就能进入宴会厅了！

## 我们永远也无法相遇

### 平行线的性质

现在我们来学习平行线。

什么是平行线呢？

在同一平面内不相交的两条直线叫作平行线。两条平行线之间，垂线最短且垂线的长度相同，垂线段的长度叫作这两条平行线间的距离。

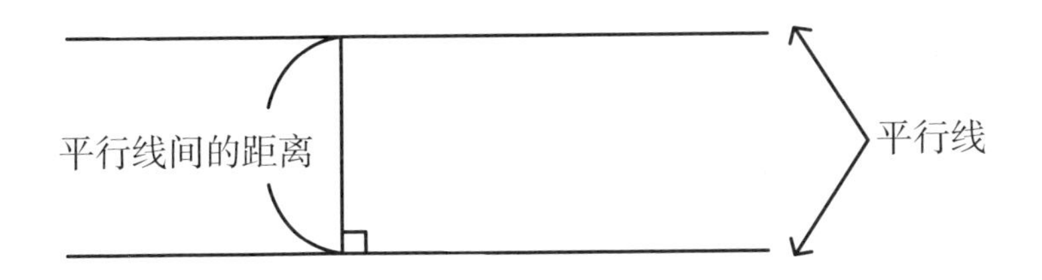


我明白了——若两条直线永远无法相交，则它们互相平行。与平行线相关的性质还有哪些呢？

如下图所示，两条线被第三条直线所截，同一侧相同位置的两个角叫作同位角，若这两条线平行，则同位角相等。

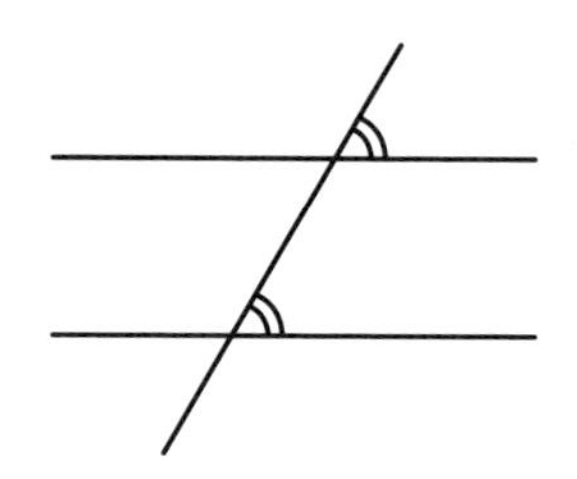

这挺有意思的。还有其他性质吗？

图中∠1与∠2这样相对的两个角叫作对顶角。观察下图，∠1和∠2有公共顶点，且∠1的两条边分别是∠2的两条边的反向延长线。数钟，要不要量一下这两个角的角度？

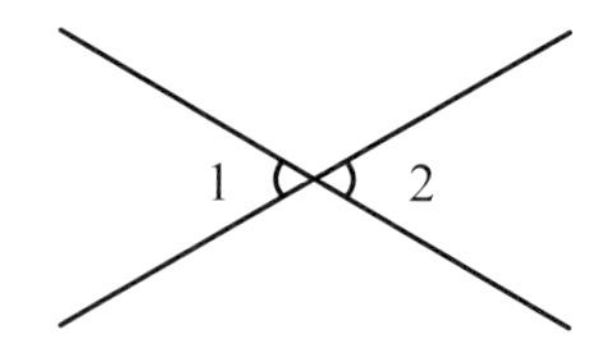


两个角一样大吗？

对的，对顶角永远相等。

为什么呢？

如下图所示，标出∠3。∠1与∠3相加形成一个平角，即∠1 + ∠3 = 180°。

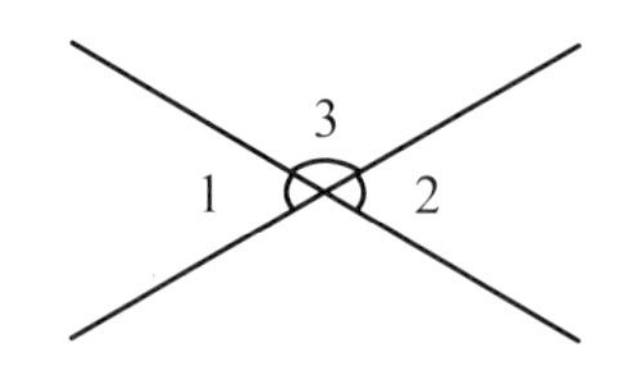

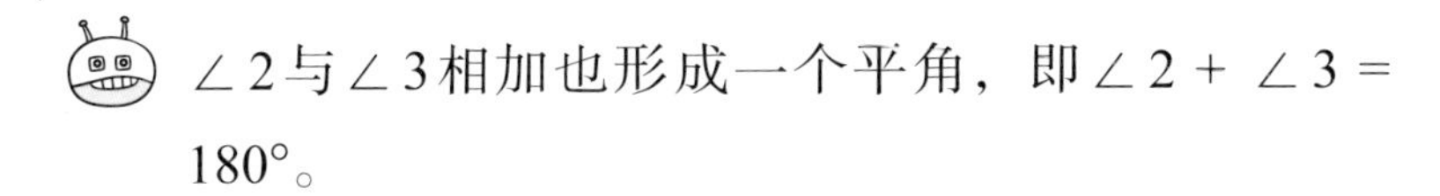

∠2与∠3相加也形成一个平角，即∠2 + ∠3 = 180°。

所以说，∠1与∠2大小相等。

没错。对顶角总是相等的。

根据对顶角的这一性质，还可以发现另一个有趣的性质。如下图所示，当两条平行线与一条直线相交时，∠1和∠3相等，即∠1 = ∠3。

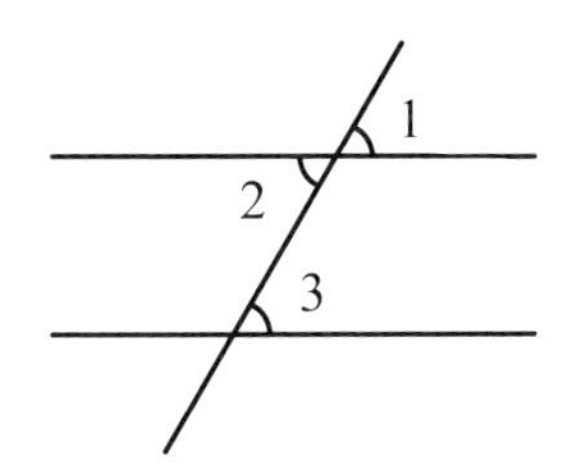


而∠1与∠2是对顶角，可得∠1 = ∠2。

所以说，∠2与∠3也相等。这两个角分别位于截线两侧，相互交错，故被称为内错角。因此，两直线平行，内错角相等。

## 四边王国的公主们

### 四边形的分类

四边王国的公主们模样也各不相同。四边形也有很多种类吗？

当然了。由四条线段首尾相连围成的图形叫作四边形。这时，点$A$、点$B$、点$C$、点$D$叫作四边形的顶点，相邻的顶点连接起来的线段叫作边。四边形有四条边和四个顶点。

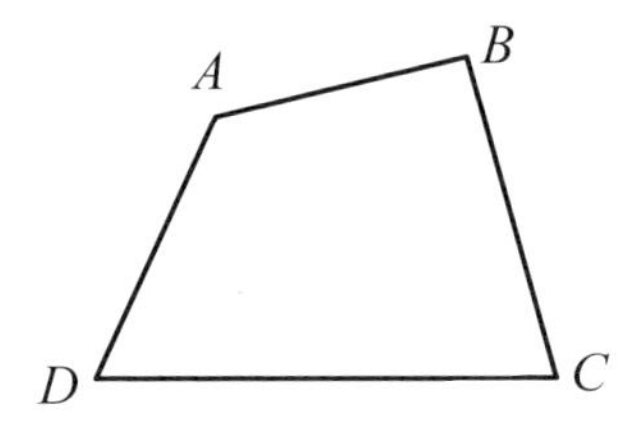


有哪些四边形呢？

当四边形的四个角都是直角时，该四边形为矩形，也叫长方形。如下图，四边形的四个角全是直角对吧？那么四边形$ABCD$是矩形。

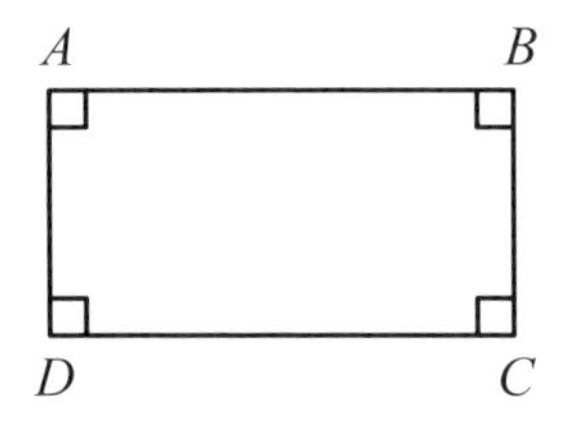


在矩形中，相对的两条边，即对边，长度相等。

真是这样呢。边$AB$与边$DC$的长度相等，边$AD$与边$BC$的长度也相等。由此可见，相对的两条边的长度相等。

当矩形的四条边长度完全相等时，该矩形就为正方形。也就是说，正方形是四条边长度相等，且四个角都是90°的四边形。如图所示，四边形 $ABCD$ 是正方形。

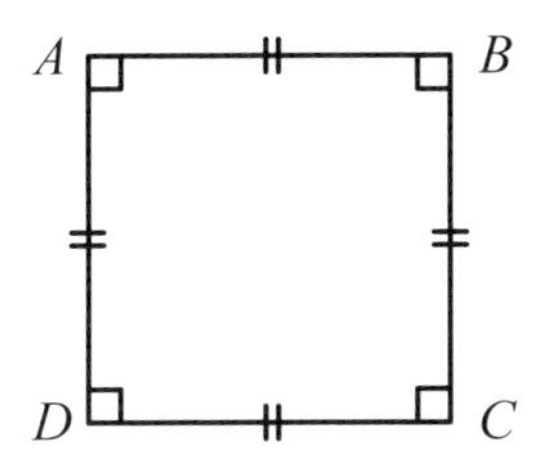


正方形和矩形的四个角都是直角。

没错。除此之外还有一个有趣的图形。观察下图，边 $AD$ 与边 $BC$ 是不是平行的?

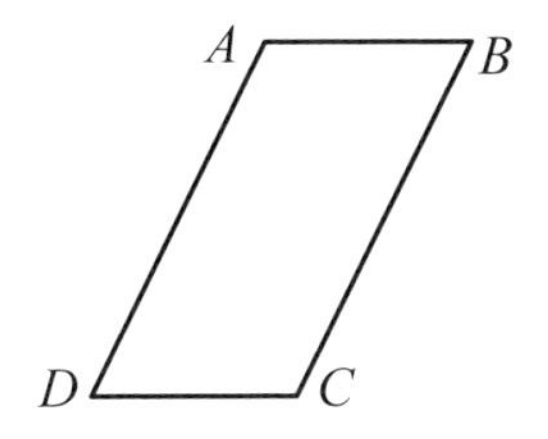


边 $AB$ 与边 $DC$ 也是相互平行的。

没错。像这样，两组对边分别平行的四边形叫作平行四边形，四边形 $ABCD$ 就是平行四边形。平行四边形有以下两个性质：

1）两组对边长度相等。

2）两组对角大小相等。

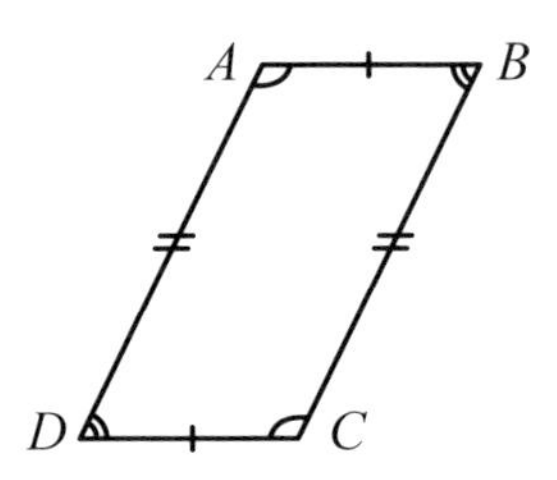


是不是还有一种只有一组对边平行的四边形？

没错。如下图，只有一组对边平行的四边形叫作梯形。图中边*AB*与边*DC*相互平行，边*AB*和边*DC*称为梯形的底边。其中，较短边*AB*叫作上底，较长边*DC*叫作下底，上下底之间的距离叫作高。

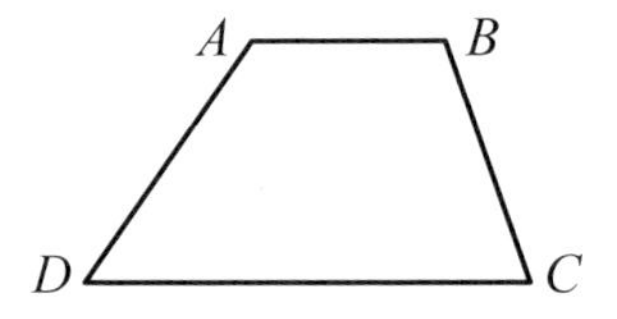


我知道了，在上底与下底之间作垂线，两底之间的垂线段就是梯形的高。

哇，现在我们已经学完所有的特殊四边形了。

不，还剩一个。看下面这个平行四边形，相邻两条边的长度完全相等，对不对？像这样，一组邻边相等的平行四边形叫作菱形。菱形有以下性质：

1）四条边长度相等。

2）两组对边相互平行。

3）两组对角大小相等。

另外，菱形的两条对角线相互垂直。关于菱形，我们会在后面介绍更多的内容。

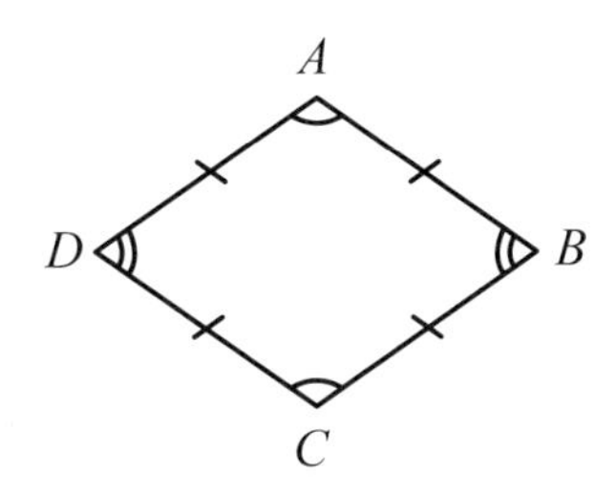


特殊四边形的类型比特殊三角形要多呢！

1. 5点整时，时钟的时针与分针之间的夹角是多少度？

2. 请在□内填入下列平行四边形的边长和角度。

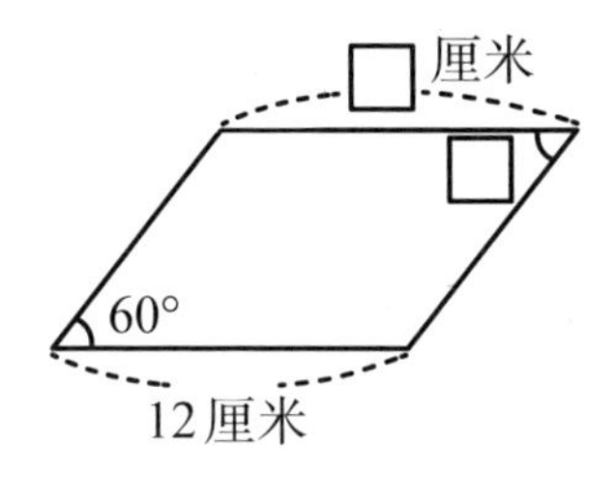


3. 下图中一共有几个直角三角形？

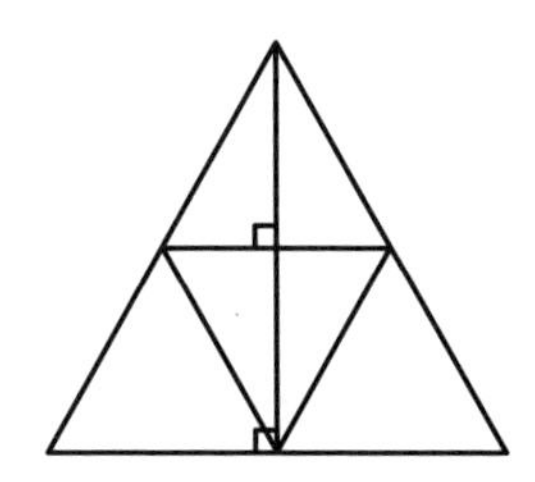

## 三角形的内角之和是180°

我们一起来试着证明三角形的三个内角之和是180°。首先，在△*ABC*中，过顶点*A*作一条平行于边*BC*的直线，在平行线上取两点，如下图中的点*D*、点*E*。

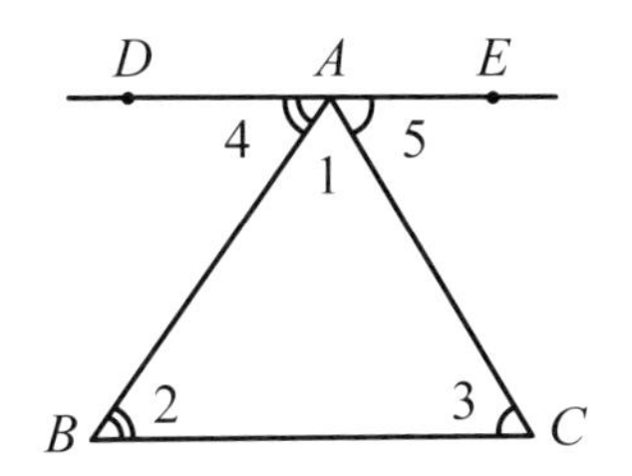


∠2和∠4是内错角。因为两直线平行，内错角相等，所以∠2 = ∠4。同理，∠3 = ∠5。

三角形的三角之和等于∠1 + ∠2 + ∠3 = ∠1 + ∠4 + ∠5。

因为∠1、∠4、∠5处于一条直线，组成一个平角，所以∠1 + ∠4 + ∠5 = 180°。

因此，∠1 + ∠2 + ∠3 = 180°。

由此可证明三角形的内角之和为180°。

扫一扫前勒口二维码，立即观看郑教授的视频课吧！

专题 2

# 全等图形以及全等图形的面积

很多人觉得数学中的几何部分最难，这是为什么呢？大概是因为这些同学头脑中的图形非常有限，只认识几个固定的图形，不认识图形翻转或旋转之后的样子。几何图形领域的学习特别注重手眼并用，既要正确理解相关概念的表述，又要仔细观察图形并动手操作，比如亲手测量和移动，这样才能帮助我们准确地厘清思路，提高空间想象能力。在此基础上，我们才能挑战更难的题目，并进一步提高思维能力和解决问题的能力。

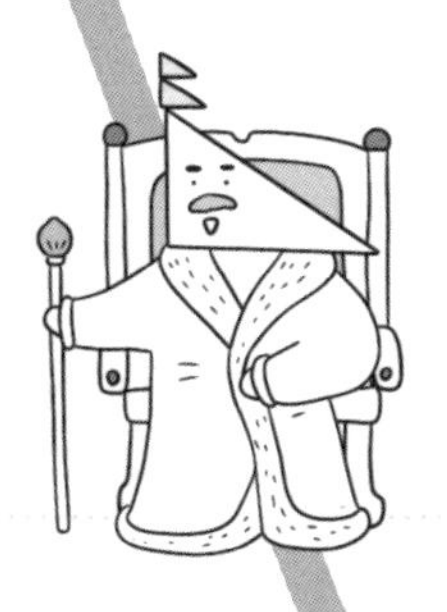

朋友们！我收到了一封来自四边王国的邀请信！
信上说了什么？
要先过去看看吗？
没说清楚呀！
好的，我们再去一趟四边王国吧！
四边王国
呜呜
发生什么事了？
姐姐被绑架到三角王国了……
别担心！我们去救她！
咻
救命啊！
啊啊啊！

看那边！蜗牛们正往塔上爬！
那可不是普通的蜗牛，那是毒蜗牛，有剧毒！
怎么办！姐姐危险了，呜呜……
毒蜗牛1分钟爬行1米。床怪，你赶紧测量一下塔的高度！
嘀嘀——
塔的高度是30米。
我们得在30分钟内救出公主！
蜗牛们正在往上爬，我们也没法上去啊！
那我们在旁边建一座同样高的塔，然后把公主救出来，怎么样？
怎么可能在30分钟内建出一座30米高的塔？
别担心！我有复制魔法！
我来！三角板，出现！
咻——咻！
每块三角板高10厘米，300块就可以垒成一座30米高的塔！
复制300块三角板！启动垒塔程序！

咻咻——!
哗啦啦!
塔倒了!
哼哧
哼哧
爬啊爬
数钟!使用
全等魔法!
全等?!
全等就是完全
重合呀!
咻咻——
300块三角
板全等复制!
扑通!
咻——
三角板合并!
得救啦!
嗖嗖——!
真是太谢谢
你们了!

## 图形的全等

在营救正方形公主的过程中，我们学到了一个重要的知识，那就是全等。经过翻转、平移或旋转后，能够完全重合的两个图形叫作全等形。如下图所示，这两个三角形就是全等三角形，即两个三角形能够完全重合。当两个三角形全等时，三角形的三条边和三个角都对应相等。

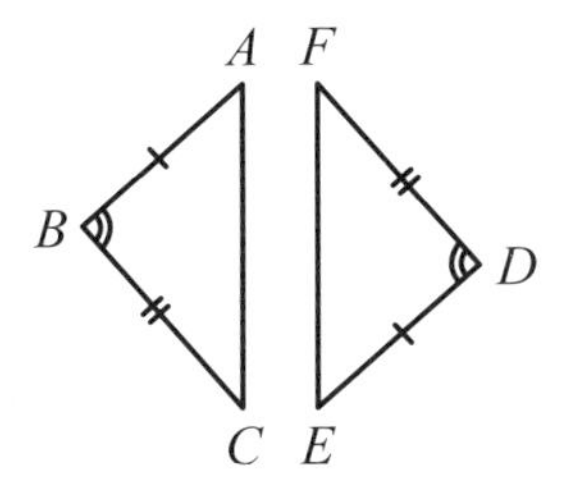


这个我还是知道的，边 $AB$ 和边 $ED$ 长度相等。

没错。这两个三角形中，长度相等的边有以下几组：$AB = ED$，$AC = EF$，$BC = DF$。同理，两个全等三角形对应的角大小相等，即 $\angle A = \angle E$，$\angle B = \angle D$，$\angle C = \angle F$。

明白了，因为两个三角形完全重合呀。

利用全等三角形对应的边和角相等这一性质，我们可以进行一个有趣的测算。

我们来算一下陆地到海面船只的距离吧。把船的位置记作点$A$，我们不用跨海也可以得出点$A$与点$B$间的距离。

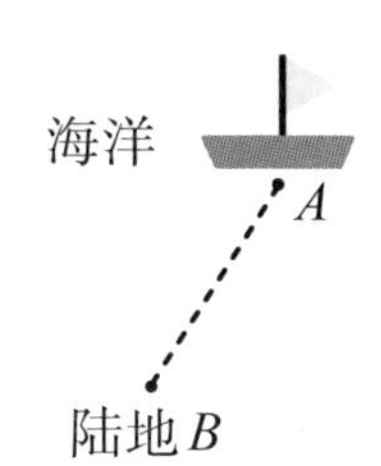


怎么算？难不成要飞到天上？

当然不是了，这还不简单。如下图，画两个全等三角形试试。

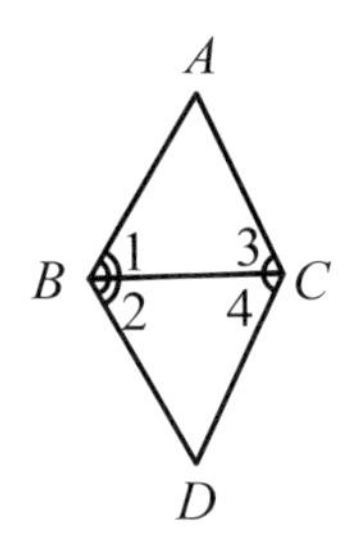


先在地面上选一点$C$，测量$\angle 1$的大小，并画出与它大小相等的对应角$\angle 2$；然后画出与$\angle 3$大小相等的对应角$\angle 4$，确定点$D$。这时，$\triangle ABC$与$\triangle DBC$全等。

也就是说两个三角形完全相同是吗？

是的。其中，边$AB$的对应边是边$DB$，则$AB =$

$DB$，即点 $B$ 到船所在的点 $A$ 之间的距离就等于点 $B$ 到点 $D$ 之间的距离。

哇！不用跨海也能测量与船之间的距离，数学真是太神奇了！

## 求三角形的面积时为什么要除以 2？

### 求四边形和三角形的面积

现在我们来学习一下如何求四边形和三角形的面积。先画一个矩形，该如何求它的面积呢？柯马，你学过矩形的面积 = 长 × 宽吧？

当然学过。不过，正方形的长和宽相等，不是吗？

所以正方形的面积就等于长度相等的两条边的乘积：

正方形的面积 = 边长 × 边长

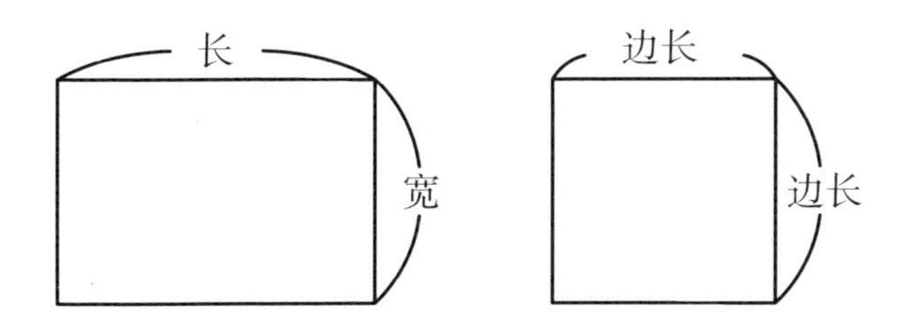

我学习平行四边形面积时有点搞不懂！

下图是一个平行四边形$ABCD$，过点$A$作边$DC$的垂线。

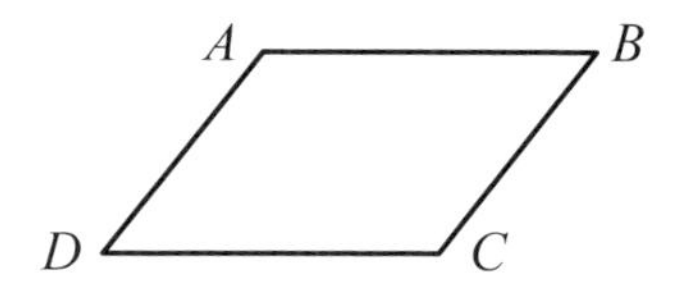


再讲一下什么是垂线吧。

垂线指的是两条相交且夹角为90°的直线。在图中，过点$A$作与边$DC$相交且夹角为90°的直线，与边$DC$相交于点$E$，垂线就是线段$AE$。垂线的长度叫作平行四边形的高。如果要求平行四边形的面积，则平行四边形的面积 = 底 × 高。但是有很多同学不理解为什么这么算。

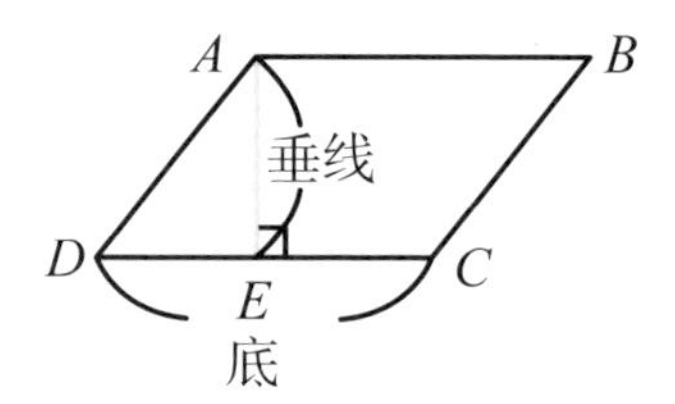


我就不太理解。

如下图所示，作一点$F$，使△$ADE$与△$BCF$全等，则这两个三角形面积相等。那么，平行四边形$ABCD$的面积就等于矩形$ABFE$的面积。

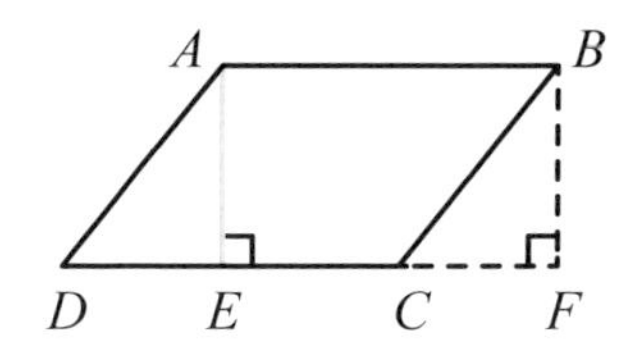


啊哈！这样理解起来就简单多了。

我也明白啦。那你再给我们解释一下如何求三角形的面积吧，就像上图一样。

三角形的面积是利用矩形的面积来求的。观察下图，过三角形的顶点 $A$ 作底边 $BC$ 的垂线，垂线的长度就是三角形的高。三角形的面积 = 底 × 高 ÷ 2。

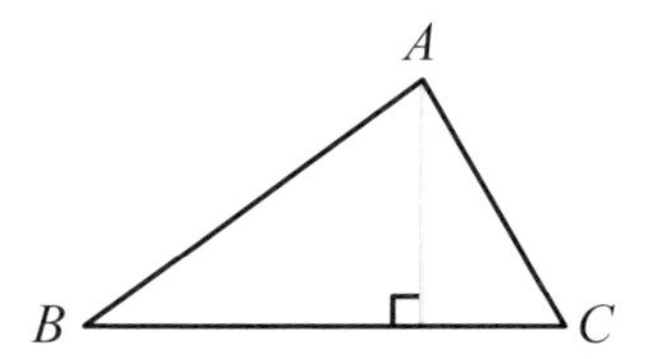


我想知道这里为什么要除以 2。

如下图所示，把上图中的三角形补全为一个矩形，此时 $\triangle ABD$ 与 $\triangle BAE$ 全等，所以两个三角形面积相等。

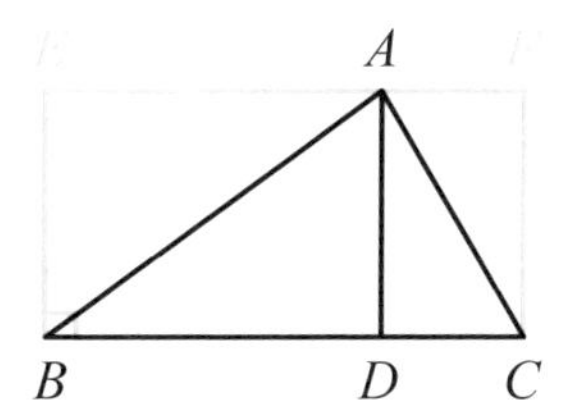

△ *ADC*与△ *CFA*全等，这两个三角形面积也相等。

所以矩形*EFCB*的面积就是△ *ABC*的两倍。这时，矩形的长是三角形的底边，矩形的宽是三角形的高。因此，△ *ABC*的面积是矩形*EFCB*的面积除以2。

原来如此。以前似懂非懂的知识点经过这样说明后变得简单多啦。照这样下去，说不定我也能成为一名数学博士呢。

## ⋙ 概念整理自测题

1. 已知下列三角形的周长是24厘米，求该三角形的面积。

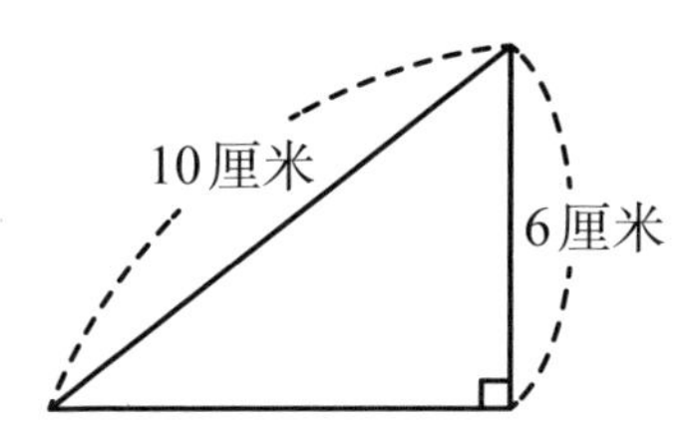


2. 下图中有几个全等直角三角形？

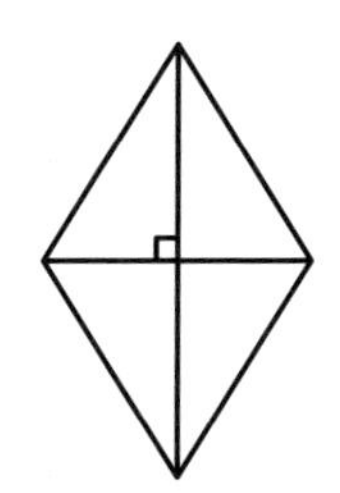

3. 面积为400平方厘米的正方形，边长是多少厘米？

※自测题答案参考109页

## 数一数

数一数右图中共有多少个矩形。

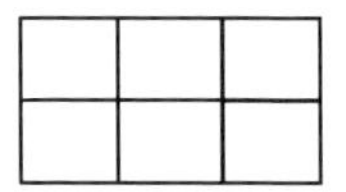

如右图，由1个格子组成的矩形共有6个。

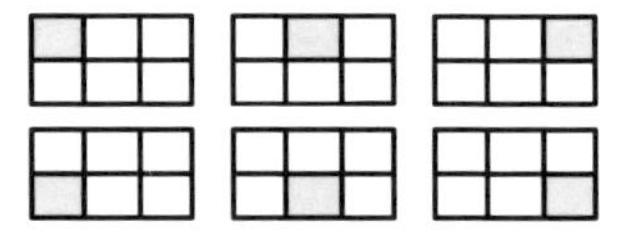

如右图，由2个格子组成的矩形共有7个。

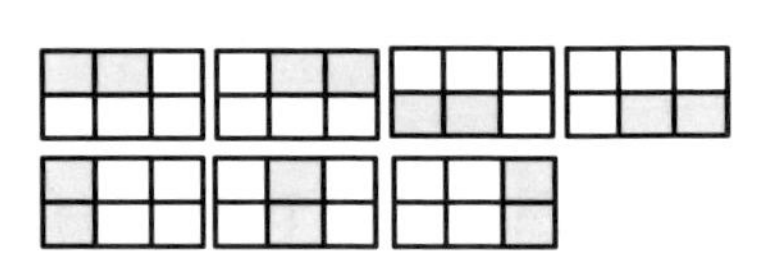

如右图，由3个格子组成的矩形共有2个。

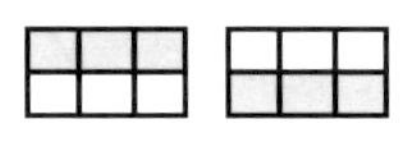

如右图，由4个格子组成的矩形共有2个。

如右图，由6个格子组成的矩形有1个。

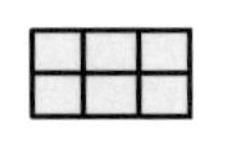

由此可知，所给图形中共有6 + 7 + 2 + 2 + 1 = 18（个）矩形。

专题 3

# 图形的相似与对角线

全等是指物体或图形的形状和大小相同，能够完全重合。当图形全等时，重合的顶点叫作对应点，重合的边叫作对应边，重合的角叫作对应角，且对应角大小相等。我们将在本专题中学习相似，即物体或图形形状相同，但大小不同。相似图形是指某个图形按照一定的比例放大或缩小后得到的图形。此时，相似图形的边长虽按照一定比例发生变化，但对应角的大小相同。

她们又发来邀请信了吗？
朋友们！四边王国好像又有新情况！
嗯……是什么事呢？
要不先过去看看？
好！我们再去趟四边王国吧！
四边王国
到了！
又发生什么事了？
我们的同盟国铁树怪国向我们发出了求救信号，请求我们的帮助！
铁树怪国？
那里生活着两个部族，一个是浑身是铁的铁怪族，另一个是身体由树木构成的树怪族，由此得名。
那我们马上出发！
请帮帮我们！树怪城堡失火了，公主殿下的处境十分危险！
一拥而上
救命啊！

柯马！你站到城堡旁边！
柯马！相似变身！
吱呀——
哇！这样看数钟和床怪，都变成了小不点儿！
啊啊——
咻咻——
奇怪，铁怪族的人怎么一个也没看到？
邻国磁铁怪族把铁怪族的人都抓走了。
呜呜——
岂有此理，又该我们出手了！
磁铁怪国

呼叫杠杆怪！
砰！
柯马！你坐到杠杆怪短的一端上！
是这儿吗？
咻咻咻
来，数钟！你来个高空跳跃！从杠杆长的一端压下去！
没问题！
咻
柯马变大！相似变身！
火焰魔法！
燃烧！
吸走！
磁铁怪怕火。温度升高，磁性就逐渐消失了！
铁怪是怎么从磁铁怪上掉下来的？
变大！相似变身！

# 如果两个三角形相似，会发生什么？

## 三角形的相似

这次我们将要学习三角形的相似。指针怪！我们需要你的帮助！

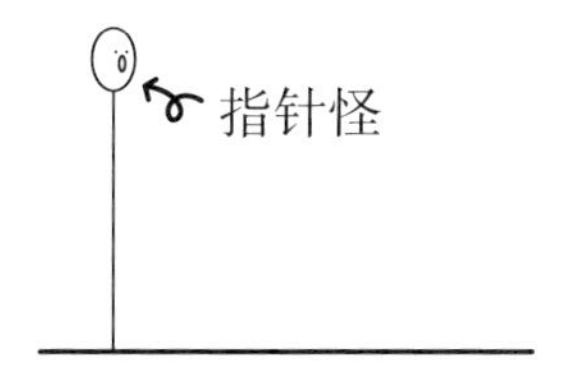


指针怪？个子可真高！

数钟，你测量一下指针怪的身高。

我拿的尺子最多只能测量1米的长度。指针怪个子太高了，没法测量！

利用三角形的相似就简单多了。棍子怪！现身！

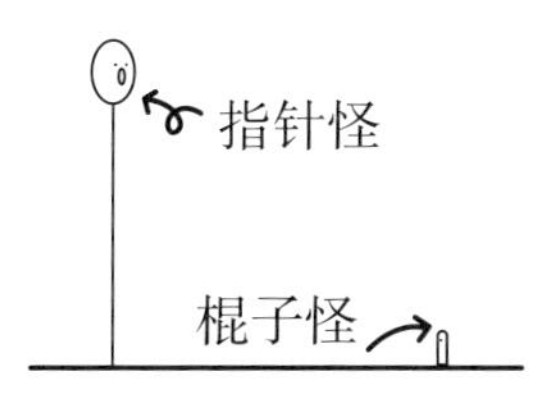


数钟，用你的尺子测量一下棍子怪的身高。

正好是1米。

那接下来我们做什么？

我们来分别测量一下指针怪和棍子怪的影子长度。我们用虚线表示太阳光线。

好的。现在我们可以看到用虚线表示的太阳光线，指针怪的影子以及棍子怪的影子。

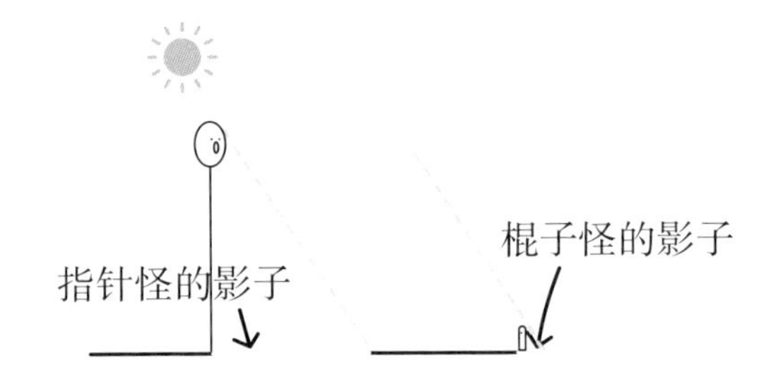


我们来分别标记一下两个三角形的顶点。

由指针怪、指针怪的影子和太阳光线构成了△*ABC*，由棍子怪、棍子怪的影子和太阳光线构成了△*DEF*。

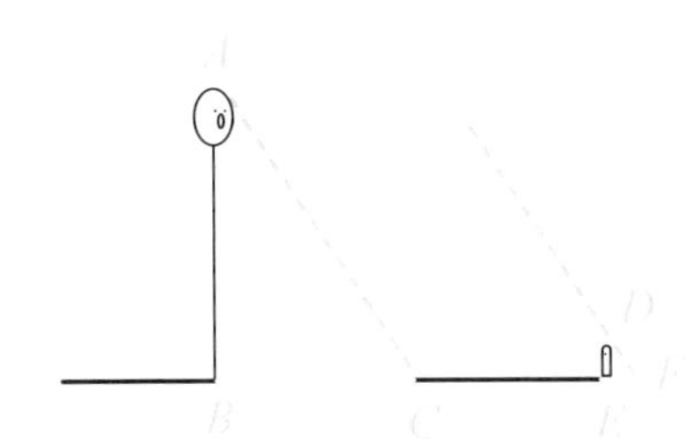

我们来观察一下△*ABC*与△*DEF*。因为太阳光线

是平行的，指针怪和棍子怪也是平行的，所以这两个三角形的对应角相等，$\triangle ABC$与$\triangle DEF$是相似三角形。若两个三角形相似，则它们的对应边成比例。所以，$AB$与$DE$的长度之比等于$BC$与$EF$的长度之比，用比例来表示它们之间的关系就是$\frac{AB}{DE}=\frac{BC}{EF}$。在比例中，内项之积等于外项之积，则有$AB\times EF=DE\times BC$。因此，若已知$BC$、$DE$、$EF$，便可求出$AB$。

万事俱备，只欠东风。我来测量一下它们各自的边长。

$BC$ = 指针怪影子的长度 = 360 厘米

$DE$ = 棍子怪的长度 = 100 厘米

$EF$ = 棍子怪影子的长度 = 40 厘米

现在只要把这些数值代入比例中就能求出$AB$了。柯马，换你了！

比例是$\frac{AB}{100}=\frac{360}{40}$，比例的内项之积等于外项之积，即

$$40\times AB=360\times 100$$

可求出$AB=900$厘米，所以指针怪的高度是9米。

没错，真棒！

# 连接多边形不相邻的两个顶点

## 对角线

接下来，我们来学习对角线的相关知识吧。在此之前，首先要了解一下什么是多边形。在同一平面内，由一些线段首尾顺次相接组成的封闭图形叫作多边形。由三条线段围成的图形叫作三角形，由四条线段围成的图形叫作四边形，由五条线段围成的图形叫作五边形……这些图形统称为多边形。

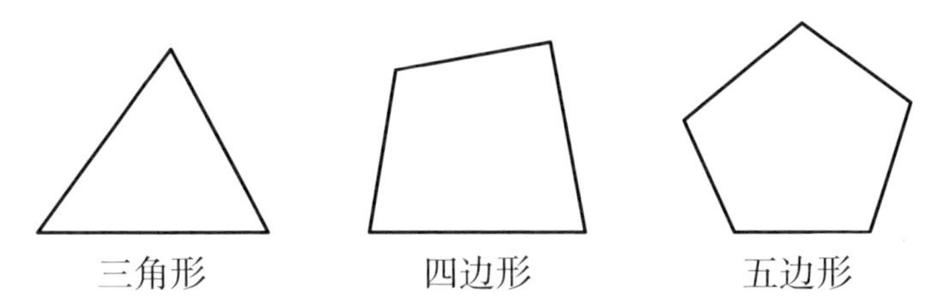


在同一多边形中，各边的长度是相等的吗？

不一定。各边相等，各角也相等的多边形叫作正多边形。三条边的称为正三角形，四条边的称为正方形，五条边的称为正五边形。

我懂了。

接下来就是对角线了。连接多边形任意两个不相邻顶点的线段叫作对角线。如下图所示，我们可以画出四边形$ABCD$的对角线。

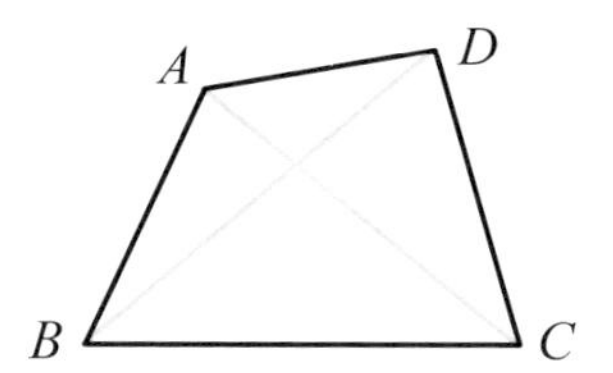


线段$AC$与线段$BD$即四边形$ABCD$的对角线。

是的，四边形有2条对角线。现在我们来数一数五边形有几条对角线。五边形有五个顶点，从五边形最上方的顶点出发，我们来画一画它的对角线。

我来画。从最上方顶点出发的对角线一共有2条。

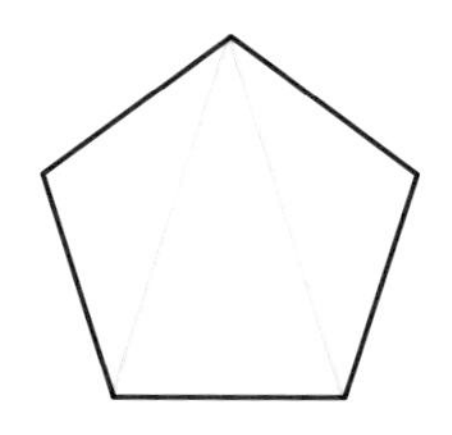

从一个顶点出发到其他顶点都可以画2条线段吧？

正五边形有5个顶点，从每个顶点出发都可以画出2条对角线。这样正五边形的对角线一共有$5 \times 2 = 10$（条），对吗？

并不是！

不对吗？

观察下图。这条线段既可以说是从黑色顶点出发画出的对角线，也可以说是从灰色顶点出发画出的对角线。所以，当你说正五边形有10条对角线时，其实这其中是有重复的。正五边形的对角线实际上只有10 ÷ 2 = 5（条）。

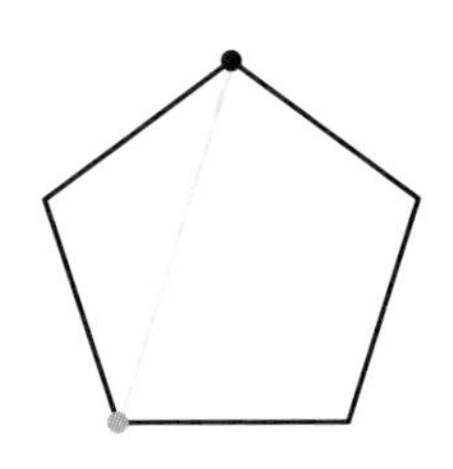

如果你觉得会记混，可以直接一条一条地画出所有的对角线。除去重复的，按顺序画，确实只有5条。

没错！看下图，5条对角线连成了一个五角星！

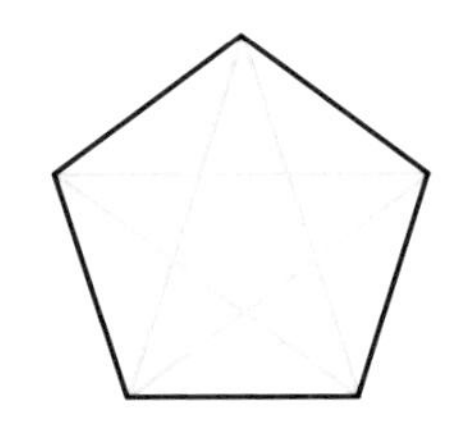

## 概念整理自测题

1. 下图中一共有几个多边形？

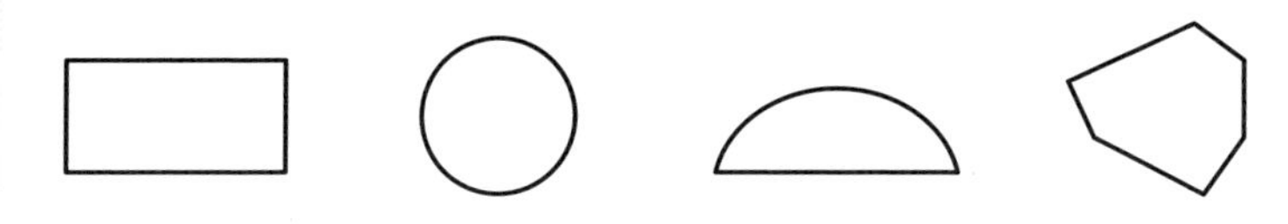

2. 已知正八边形8条边的长度之和是208厘米，求该正八边形一条边的长度是多少厘米。

3. 已知线段$BC$与线段$DE$平行，求线段$BC$的长度。

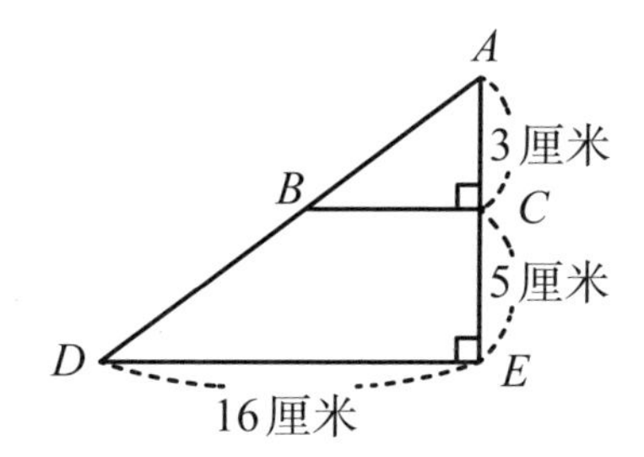


※自测题答案参考140页

## 如何求菱形的面积计算公式?

观察下图，有一组邻边相等的平行四边形叫作菱形。

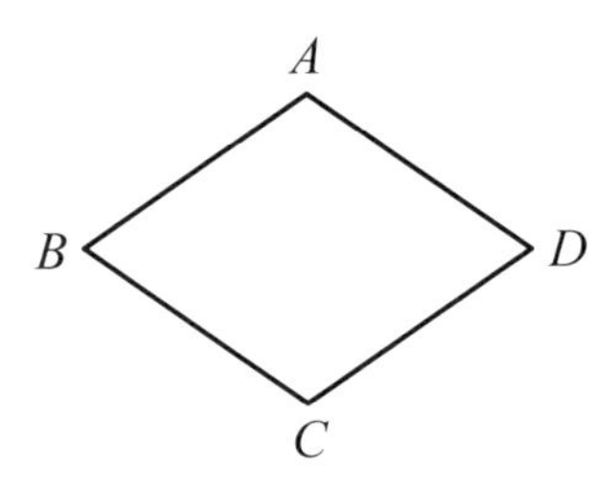


菱形具有以下性质：

1）四条边长度相等。

2）两组对边分别平行。

3）两组对角大小相等。

4）两条对角线相互垂直。

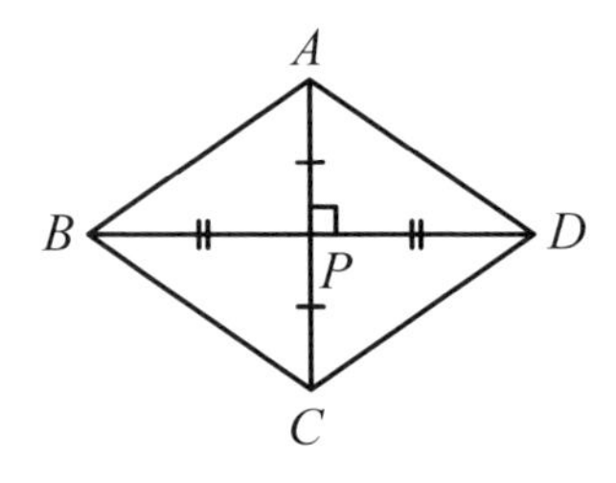


因此，上图中$AP=PC$，$BP=PD$。试求菱形的面积。

先画出包围该菱形的矩形$EFGH$。

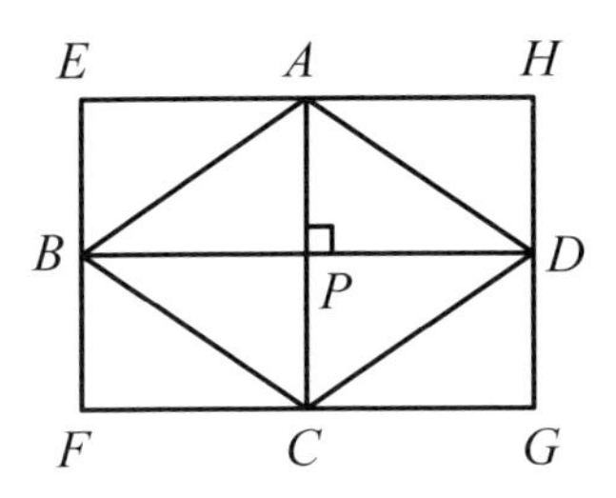


我们用$S$表示面积，上图中，$S_{\triangle ABE}=S_{\triangle ABP}$，$S_{\triangle ADH}=S_{\triangle ADP}$，$S_{\triangle CBF}=S_{\triangle CBP}$，$S_{\triangle CDP}=S_{\triangle CDG}$，所以菱形$ABCD$的面积是矩形$EFGH$的$\frac{1}{2}$。

$S_{矩形EFGH}=EH\times EF$，而$EH=BD$，$EF=AC$。也就是说，矩形$EFGH$的面积是菱形$ABCD$的两条对角线的乘积，所以菱形的面积公式如下：

$$S_{菱形ABCD}=\frac{1}{2}\times AC\times BD$$

专题 4

# 直角三角形和勾股定理

勾股定理是一个简单且基本的定理，它的证明方法有数百种之多。利用勾股定理不仅可以求出无法直接测量的距离、高度等，也可以建造宏伟的建筑物。从直角三角形的关系式发展到三角函数，勾股定理的真正价值才得以充分体现。

在寻找勾股定理证明方法的过程中，我们还会接触到各种其他的数学原理。

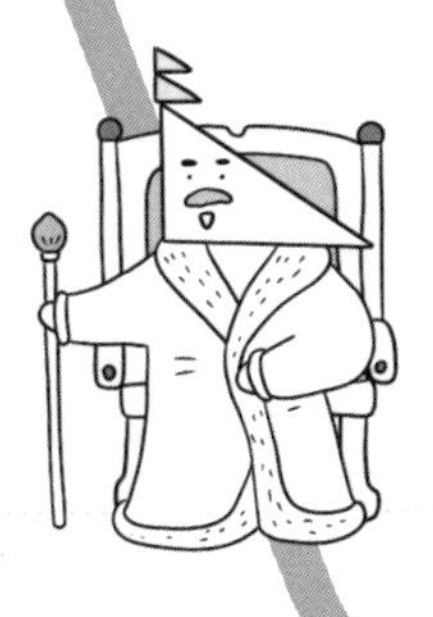

这次我们要去直三王国。
直三？
“直三”是直角三角形的缩写啦。
!!
那我就是这次旅行的主角啰！
嗖——
向直三王国出发！
直三王国
到啦！
来了一位贵宾！
这里只有直三族方可入内。
他们都是我的随从，请让他们进去。
哦，那么请进。
你好。怪不得你的脸会闪闪发光！
国王陛下您好，我叫柯马，来自金直三王国。
点心全都是直角三角形的形状呢。
好神奇！

窃窃私语
邻国……
津津有味
邻国来了几位使臣，我请他们一起过来商讨国事，你们不介意吧？
嗯，不要紧的。
我是小正方国使臣。
我是中正方国使臣。
我是大正方国使臣。
大、中、小，说的是他们脸的大小吧！
这些国家的名字怎么奇奇怪怪的？
??
这三个国家要和我们直三王国合并为一个国家。
哇，可喜可贺！
我们想要设计一面四个国家统一的国旗，但现在遇到了棘手的问题。
怎么了？
我们四个国家的意见不统一。
大正方国、中正方国、小正方国分别要求国旗上必须有边长是50厘米、40厘米、30厘米的正方形。
你们直三王国也有要求吗？

我们的国旗形状是
直角三角形。如果能设计一面包含各个国家特征的国旗，那就再好不过了。
我明白了。请给我一点时间。
嘀咕
嘀咕
哇哈哈！
请问……想好怎么设计国旗了吗？
当然了。在国旗中间画一个直角三角形，然后以直角三角形的三条边为边，分别画三个正方形。
大正方国
50厘米
小正方国
30厘米
40厘米
中正方国
咔嚓！
咔嚓！

## 直角三角形斜边的秘密

### 勾股定理

你是怎么想到把三个正方形画在直角三角形的三条边上的呢？

这利用了勾股定理。勾股定理在西方被称作毕达哥拉斯定理。毕达哥拉斯是古希腊一位伟大的数学家。看下图的直角三角形，其中最长的边叫作斜边。在这个三角形中，斜边的长度是5厘米，两条直角边的长度分别是3厘米和4厘米。

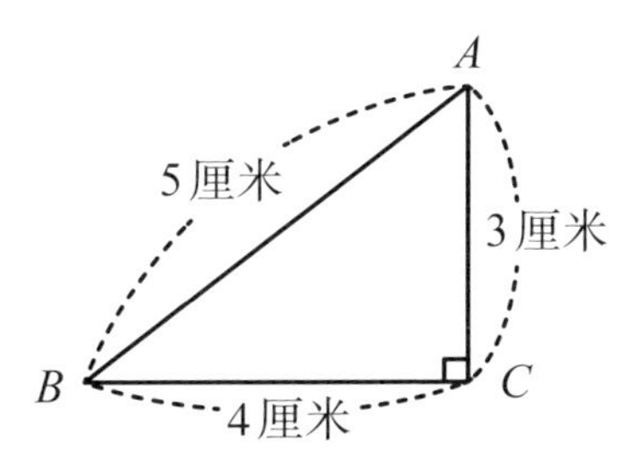


柯马，现在你以三角形的三条边为正方形的边，分别画上三个正方形。

这样就行了吧？

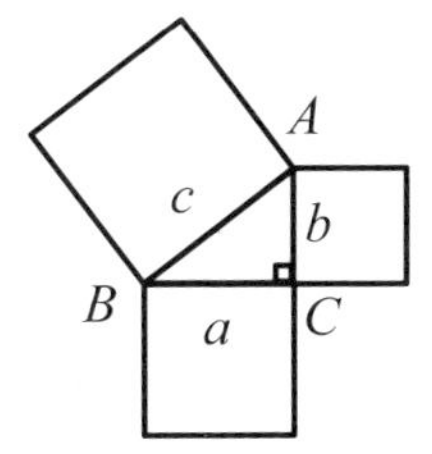

非常好。

这用来做新国家的国旗正好。

没错。现在我们来总结一下勾股定理：直角三角形两条直角边的平方和等于斜边的平方。用公式表示就是

$$a^2 + b^2 = c^2$$

用图表示如下：

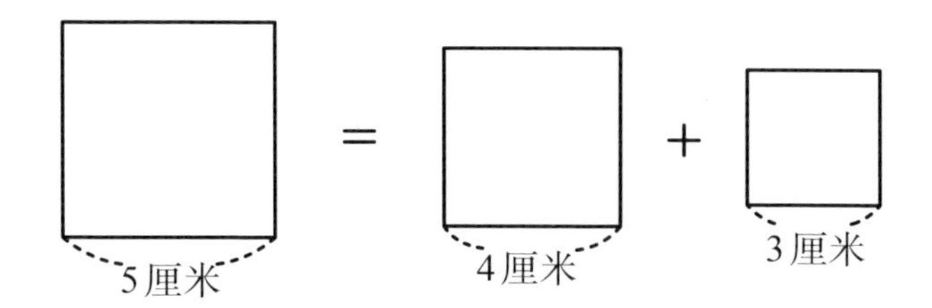


是的。用数字计算更好理解！

边长是3厘米的正方形的面积 = 3 × 3 = 9（平方厘米）
边长是4厘米的正方形的面积 = 4 × 4 = 16（平方厘米）
边长是5厘米的正方形的面积 = 5 × 5 = 25（平方厘米）

正好9 + 16 = 25。

没错，3 × 3 + 4 × 4 = 5 × 5。

啊哈！大正方国的国旗是边长为50厘米的正方形，中正方国的国旗是边长为40厘米的正方形，小正方国的国旗是边长为30厘米的正方形。把斜

边是50厘米、两条直角边分别是40厘米和30厘米的直角三角形置于中间位置，然后在直角三角形的三条边上分别画上边长为50厘米、40厘米、30厘米的三个正方形，这样正合适。

就是这样。

柯马，你真厉害！

## 在正方形中画一条对角线

### 勾股定理的简单证明

有一个能够简单证明勾股定理的方法。

怎么证明？

画一个正方形，并在正方形中画一条对角线。

现在画对角线对我来说，简直易如反掌！

在正方形中画一条对角线，这样正方形就被分为两个三角形。

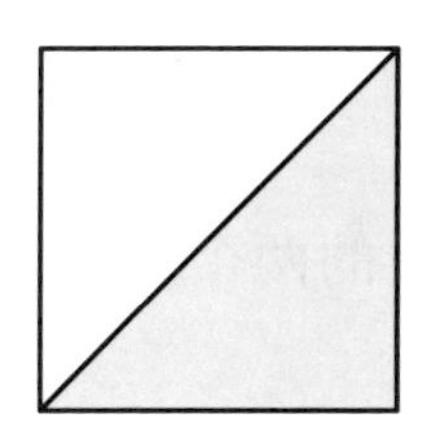

涂色的和不涂色的两个三角形是全等图形。

它们的面积相等。

也都是直角三角形。

是的。正方形的对角线正好是直角三角形的斜边。

斜边以外的两条直角边长度相等。

没错。像这样两条边相等的直角三角形叫作等腰直角三角形。

那么正方形的面积就是等腰直角三角形面积的2倍。

这真是个了不起的发现。现在我们以涂色的等腰直角三角形的三条边为边，分别画三个正方形，如下图所示。

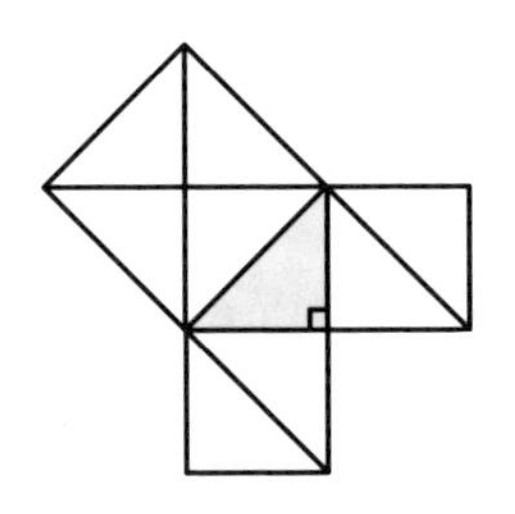

在以斜边为边的正方形中，有四个等腰直角三角形。

在以直角边为边的两个正方形中，各有两个等腰直角三角形。

因此，以斜边为边的正方形面积是涂色等腰直角三角形的4倍，而以直角边为边的正方形面积是涂色等腰直角三角形面积的2倍。也就是说，涂色等腰直角三角形两条直角边的平方和等于斜边的平方，勾股定理的证明完成！怎么样？

嗯，理解得彻彻底底，明明白白！

## ▶▶▶ 概念整理自测题

1. 在直角三角形中，两条直角边的长度分别为5和12，求斜边的长度。

2. 在斜边长度为8的直角三角形中，以直角边为边的两个正方形的面积之和是多少？

3. 求下列等腰三角形的面积。

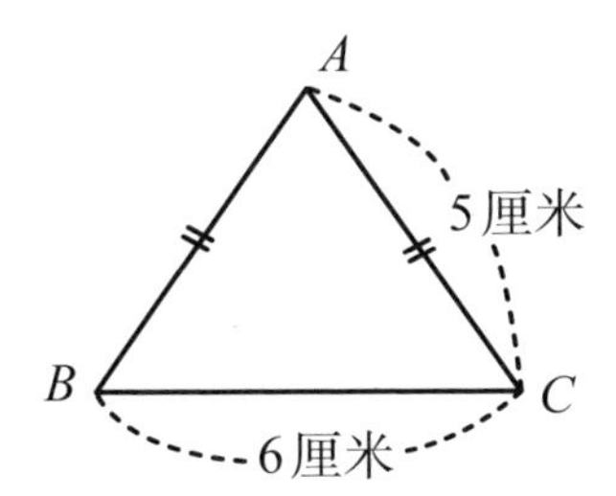

## 勾股定理的证明

如下图，有正方形$ABCD$。

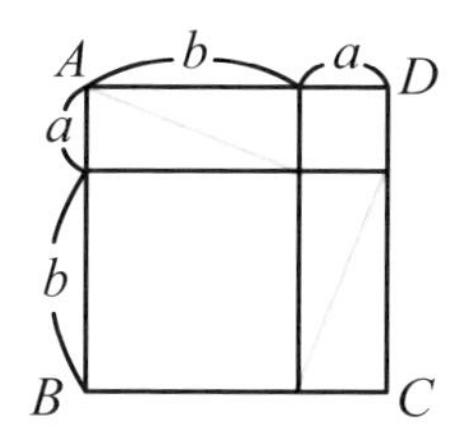


正方形的面积可以用下图来表示。

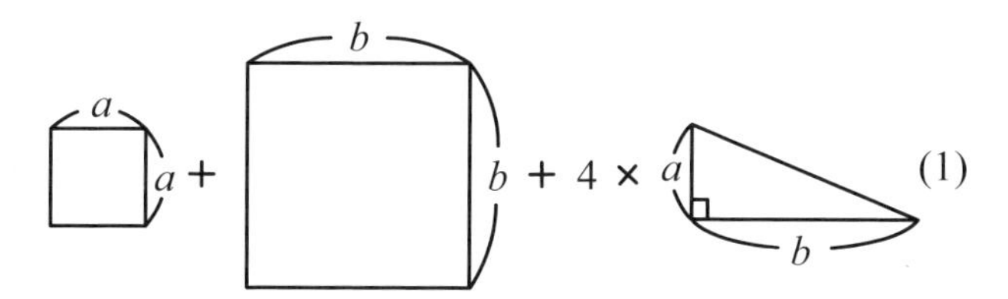


该正方形也可以分为以下几个部分。

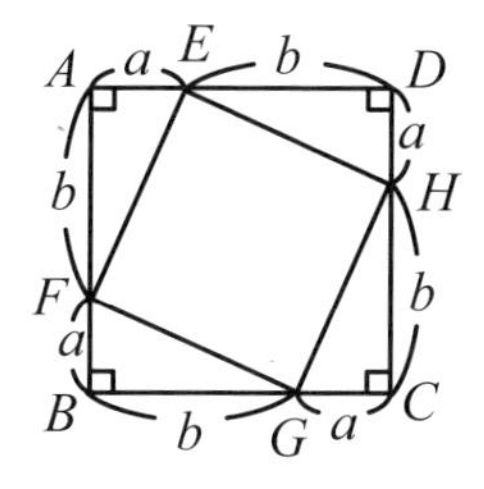


在$\triangle AEF$中，$\angle A$是直角。

因为三角形的内角之和是180°，所以$\angle AEF + \angle AFE = 90°$。

设$\angle AEF = \alpha$，$\angle AFE = \beta$，则$\alpha + \beta = 90°$。

$\triangle AEF$与$\triangle BFG$是全等三角形，则有$\angle GFB=\angle AEF=\alpha$。

另外，$\angle AFE+\angle EFG+\angle GFB=180°$，即$\alpha+\beta+\angle EFG=180°$。

由$\alpha+\beta=90°$，可得$\angle EFG=90°$。

$\triangle AEF$、$\triangle BFG$、$\triangle DHE$和$\triangle CGH$是全等三角形，可得$EF=FG=GH=HE$。

因此，四边形$EFGH$是正方形。

设正方形$EFGH$边长为$c$，则该正方形的面积是$c\times c$。

此时，正方形$ABCD$的面积可以用下图来表示。

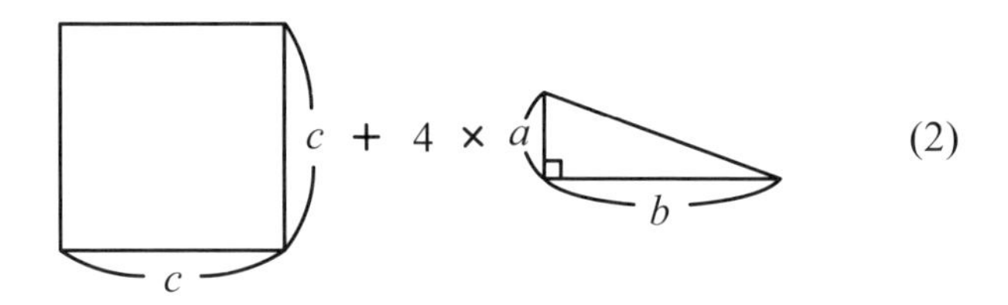


由（1）和（2）两个等式，可得下图，即勾股定理。

专题 5

# 利用三角形结构的建筑和四边形画家

巴黎的象征埃菲尔铁塔，以及这几年非常流行的球形穹顶建筑，都是利用三角形结构的建筑。我们将在本专题中学习三角形和四边形的性质，并一起了解荷兰现代画家蒙德里安利用直线和四边形作画的趣味故事。蒙德里安是抽象美术的代表性画家，他擅长只用直线和直角、三原色及黑、白、灰作画，画作富含一种简单且规律的美感。他的作品对美术、建筑、时尚等现代文化产生了巨大的影响。

朋友们！四边王国又发来了一封邀请信！
没有什么好犹豫的，我们现在就出发吧！
那里好像又有新情况！
看这边……
发生什么事了？
又倒了，呜呜……
他是我们四边王国最优秀的建筑师。
这次我们准备举办一个活动，邀请各个图形王国的国王欢聚一堂，但是布置的景观建筑总是由于强风而倒塌。
呼呼——
我又没犯什么事……
柯马好像一个囚犯！
砰！
铮铮！
终于解放啦！
为什么用四边形框架搭设的建筑，总是会倒啊？
这是由于四边形不稳固，抗风性比较差。
熊熊燃烧！
变身为三角框！

变身完成——
三角框合体！
启动垒塔程序！
哇！
呼呼呼——
又刮大风了！
不知道这次塔会
不会倒！
这次没倒！
哇！塔竟然
没塌！
!!
咔嚓！
圆王国国王
咔嚓！
五边王国国王
咔嚓！
六边王国国王

# 建造稳固的建筑

## 三角形的力量

刚才只是把方框换成了三角框，效果就立竿见影。为什么三角框遇强风不倒，而方框就很容易倒塌呢？

问得好！来一个方框。柯马！你推推那个方框试试看？

咦？我只是稍微一推，方框的形状就发生了变化。

好，现在来试试三角框。这次换数钟来推。

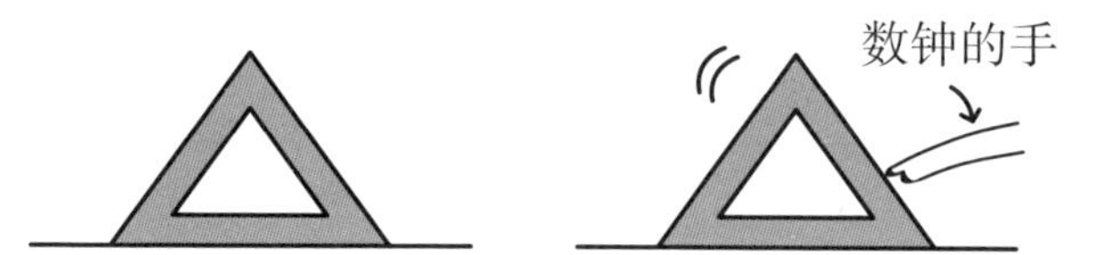


咦？三角框的形状没有变。

就是这个原因啦。四边形遇到外力，形状很容易发生变化。而三角形则非常稳固，即使遇到外力，形状也不会发生变化。所以在建造建筑物时，会选用稳定的三角形结构。

那有利用了三角形结构的建筑吗?

当然有了。其中的代表就是举世闻名的埃菲尔铁塔。

巴黎的象征——埃菲尔铁塔

埃菲尔铁塔是三角形构造的?

埃菲尔铁塔高三百多米，塔身由多个三角形构成。除此之外，巴黎的蓬皮杜艺术中心和位于韩国首尔九老区高尺洞的“高尺天空巨蛋”棒球场也用到了三角形结构。

蒙特利尔世界博览会美国馆

利用三角形的建筑物有很多嘛。

美国建筑师巴克敏斯特·富勒为1967年蒙特利尔世界博览会上的美国馆设计了一种网格状穹顶，整个建筑看来就像是一个大圆球，巨大球体建筑没有任何柱子支撑。仔细观察，你就会发现球体表面由多个三角形构件相连组成。

三角形的力量可真大。

## 用直线和四边形作画

### 现代画家蒙德里安

有一位著名画家，他擅长只用直线和四边形作画。

那个我也能行呢。

这可不是件简单的事。对美的感知力要特别强才行。

到底是谁呀？

他就是荷兰画家蒙德里安，一位几何抽象派画家。

为什么只用直线和四边形？论图形，不是还有三角形和圆形吗？

蒙德里安认为直线和四边形是宇宙的本源。他离开荷兰前往纽约，在那里仅凭直线和四边形就创作了很多作品。

具体有哪些呢？

看下一张图，这是我临摹的他的一幅画。

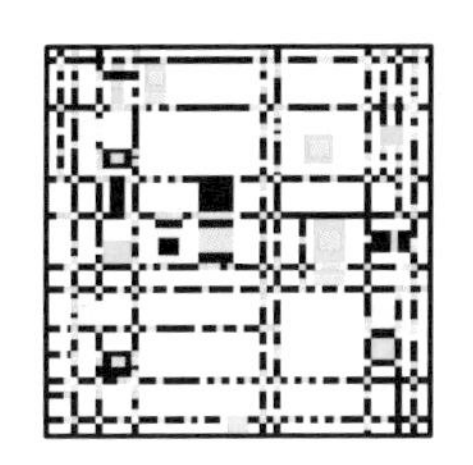

确实只有直线和四边形呢。这画的是什么呢?

很像地铁的线路图……

这幅作品是蒙德里安的《百老汇爵士乐》。百老汇是美国纽约的繁华街道。在原作中，蒙德里安利用红、黄、蓝三原色，以及白色、灰色系颜色，描绘出大大小小的四边形来表现纽约百老汇的街景；用蓝色和红色表示纽约夜晚街道上灿烂的霓虹灯。

那黄色呢?

表现了纽约街道上众多的出租车，车身的颜色是黄色的。

听你这么一说，纽约的街道仿佛就在眼前，让人身临其境。去哪儿才能看到这幅画呢?

去美国纽约现代艺术博物馆就能看到。

下次有机会一定去参观一下。

算我一个。

前往现场参观虽好，但上网搜索资料之后再欣赏也很不错哟。

1. 求正五边形一个内角的大小。

2. 在下面的正方形中再画两个正方形，将下图中的9个点全部隔开。

3. 已知矩形$ABCD$的面积是40平方厘米，求下图中黑色部分的面积。

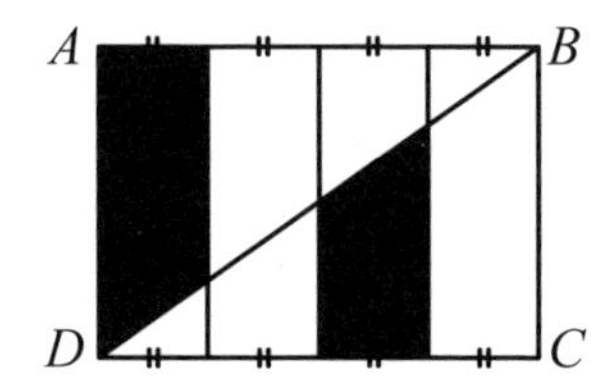


※自测题答案参考113页

## 概念巩固

### 五角星的五角之和是180°！

在下图五角星中，$\angle A+\angle B+\angle C+\angle D+\angle E$等于多少度？

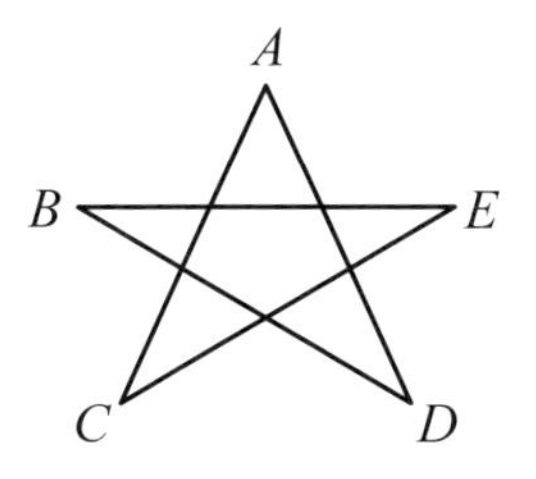


这一问题只需要画一条辅助线就可轻松解决。如下图所示，连接$CD$。

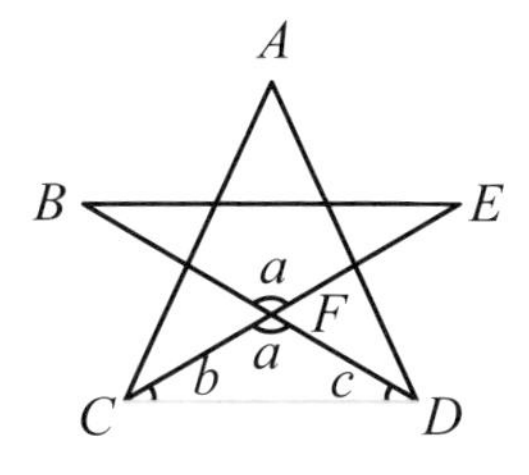


图中的$\angle BFE$和$\angle CFD$是对顶角，大小相等。由于三角形内角和是180°，所以在$\triangle BEF$中，$a+\angle B+\angle E=180°$；而在$\triangle FCD$中，$a+b+c=180°$。将两个式子移项变形后，可得$b+$

$c = \angle B + \angle E$。所以，五角星五角之和就等于$\triangle ACD$的三个内角之和，即在原来的五角星中，$\angle A + \angle B + \angle C + \angle D + \angle E = 180°$。

专题 6

# 分形——局部与整体相似

分形是指图形的局部与整体相似。它是由美国数学家芒德布罗提出的，广泛应用于电脑图像领域和艺术领域。大自然中的云朵和海岸线都属于分形。

走，我们出发去三角王国！
三角王国建筑设计事务所所长谢尔宾斯基先生邀请我们前去！
是有什么事情吗？
??
我们先过去看看吧！
到啦！
这里的建筑都是三角形的！
TAXI
出租车也是三角形的！
轰隆隆
轰隆隆
这是给您的找零，请收好！
三角王国建筑设计事务所
我是建筑设计师谢尔宾斯基。
这是我本次的野心之作——分形三角屋。
三角形的房子?!

这可不是简单的三角形房子。在三角形房屋内部，还有很多相同构造的三角形。
建筑还没有封顶，我们可以从上面看到里面的构造！
嗖
瞧——！
中间是公用客厅，你们三人可以分住三个小房间，共同使用一个大客厅，方便大家交流。
真的呢！大三角形内还有小三角形房间！
!!
1房间
2浴室
这房间内的物品全都是三角形。
3厨房
连盘子也是三角形！
只用三角形就建造了一座房屋！

# 三角王国的特殊住宅

## 三角形的房屋

刚才看到的三角形房屋实在是太有趣了，大三角形里面还套着小三角形！

我们之前看到的房间形状就是著名的谢尔宾斯基三角形。

谢尔宾斯基三角形？听起来很神奇呢。

今天我们要学习的内容是分形。

什么是分形？

分形结构是指图形的局部与整体有一定程度的相似关系。这个概念由数学家芒德布罗首次提出并命名。谢尔宾斯基三角形就是一个典型的分形图形，由波兰数学家谢尔宾斯基在1915年提出。

如何画一个谢尔宾斯基三角形呢？

这个很简单。首先画一个等边三角形。

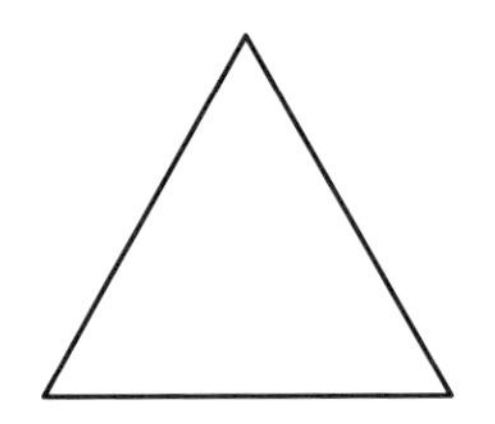

然后呢?

找到各边的中点。

什么是中点?

中点就是平分一条线段的点。

明白了。我来试试。

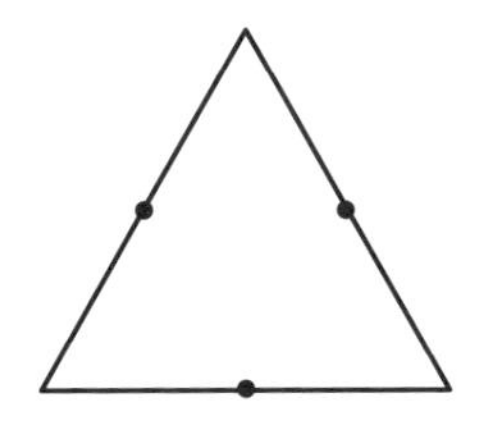

接下来呢?

连接三个中点，画出一个三角形。

我知道啦，让我来。

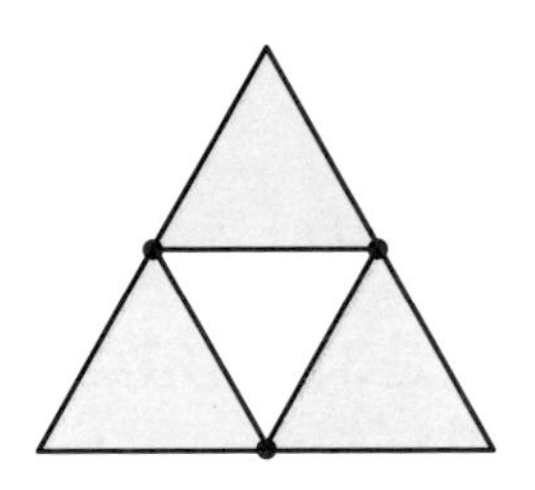

目前这个图形叫作1阶谢尔宾斯基三角形。

那肯定还有2阶啰?

没错。在绿色的三个三角形中，再重复画出1阶谢尔宾斯基三角形。

这样就行了吧？

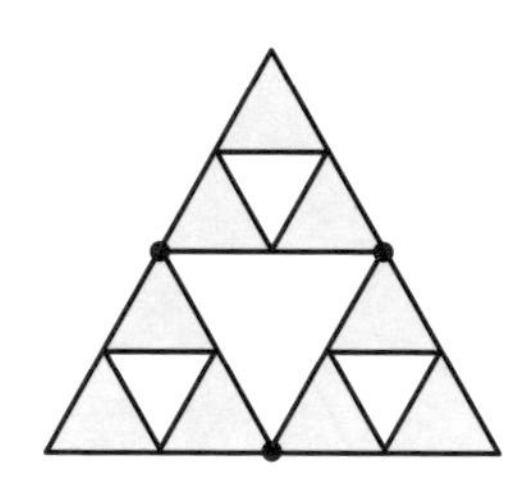

下一步好像我也会了，我来画！怎么样？

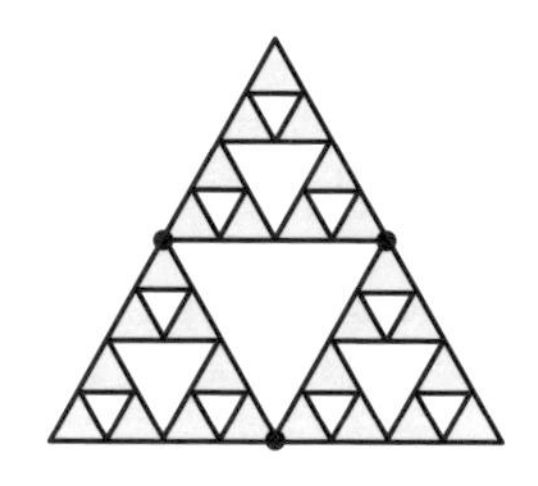

我觉得你画得非常好。

简直完美！这就是3阶谢尔宾斯基三角形，在2阶的基础上，9个小三角形内部画上更小的三个三角形。

这样一来，三角形就变得特别复杂了。

是的。再继续画下去的话，就跟下图一样。

好像还可以继续画。

原来只用三角形，就可以画出这么神奇的花纹啊。

没错。上图就具备了谢尔宾斯基三角形的分形结构。

我理解啦。分形结构指的是局部和整体拥有相似的结构。部分是三角形，整体也是三角形。

是的，就是这样。

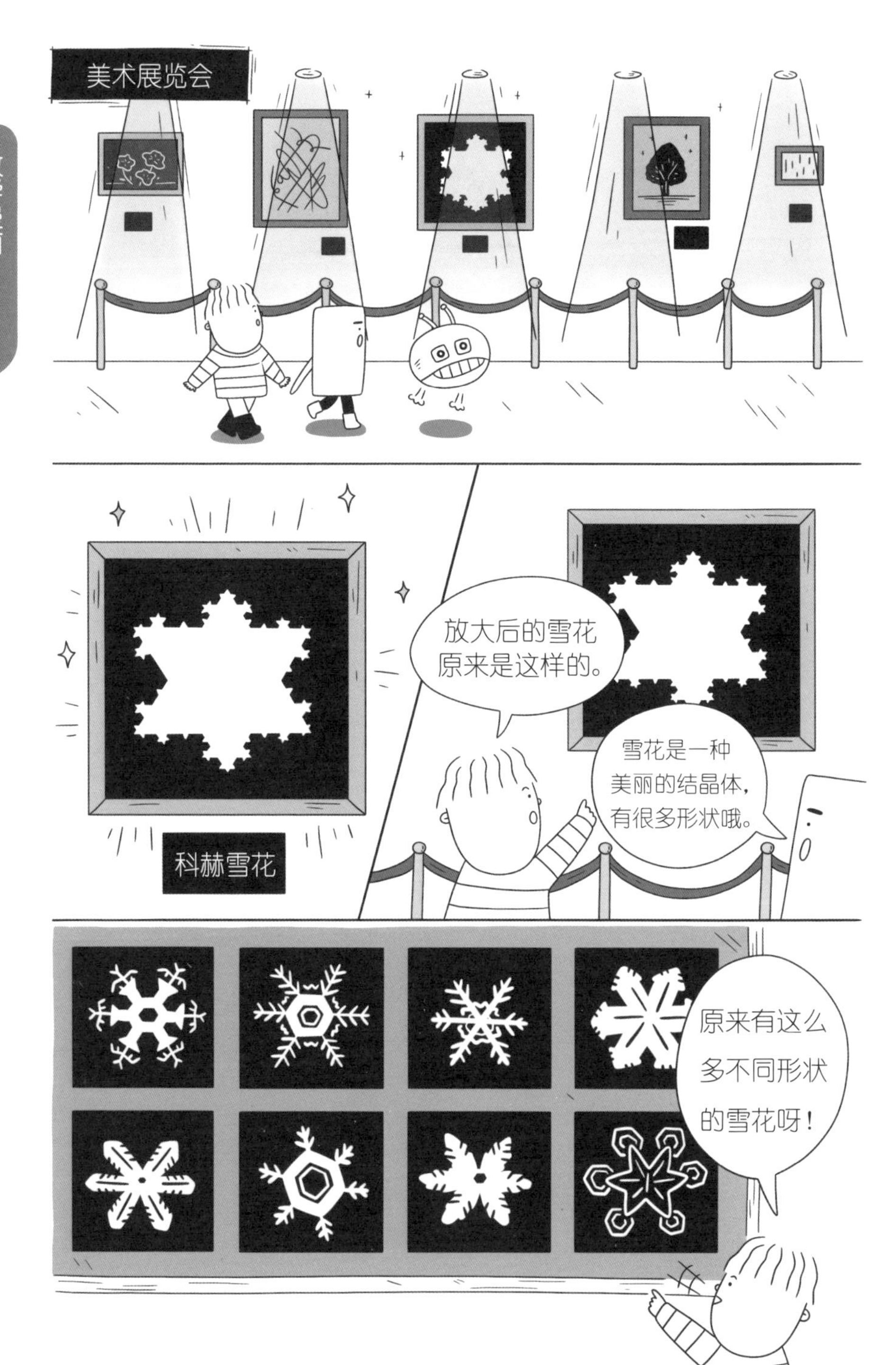
美术展览会
科赫雪花
放大后的雪花原来是这样的。
雪花是一种美丽的结晶体，有很多形状哦。
原来有这么多不同形状的雪花呀！

## 数学家用数学作画的故事

### 雪花画家——科赫

我们刚才看到的第一幅画作是一位叫作科赫的数学家利用数学方法画的雪花。这幅画叫作《科赫雪花》。

科赫雪花是怎么画的呢？利用数学画的雪花和普通的雪花好像不太一样啊。

没错。先画一条线段。

这还不简单，然后呢？

然后在线段上画两个点，将线段三等分。

像这样？

没错，然后把中间的线段擦去。

我来。是这样吗？

接下来该怎么做？

假设去掉的线段还在，以此为边画一个等边三角形。

这样的话一共有几条线段呢？

1，2，3，4，一共有4条。

好了，现在用同样的方法继续画下去。

啊，我明白了。继续将每条线段三等分，去掉中间的线段，以去掉的线段为边，画一个等边三角形。

好像就是这样。

反复重复此方法就可得到下图。怎么样？现在会画了吧？

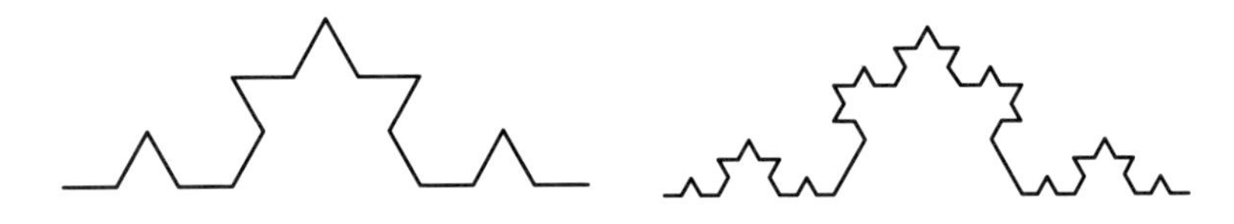

现在画是不难，可得到的画跟我们在展览上看到的有点不一样呢。

是的。我们在展览上看到的那幅画是从等边三角形开始画的。先画一个等边三角形，用同样的方法继续往下画。

我来试试看。先画一个等边三角形，将三条边三等分后去掉中间线段，以去掉的线段为边，画一个等边三角形。反复进行以上步骤就可以了。

哇！画出了一颗六角星。现在还不是雪花的形状，继续重复刚才的画法是不是就可以了？这次换我来试试。

好啊。画出六角星后，再将各边三等分，去掉中间部分，以去掉部分为边画等边三角形，不停地重复，然后就会得到一片雪花。

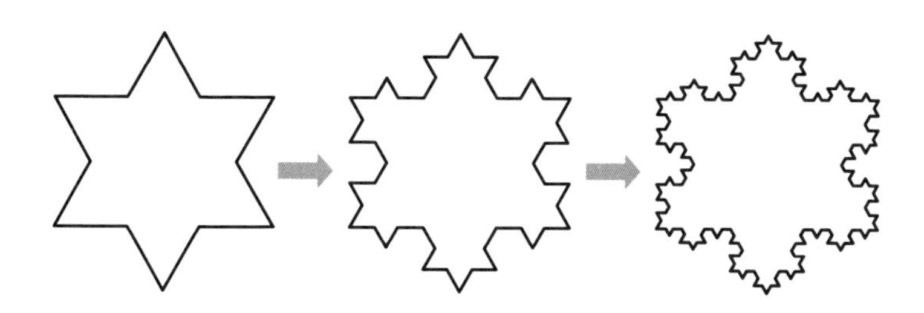

哇！终于画出雪花来了。所以刚才你说，这个雪花是用数学的方法画出来的啊。

## 分形维数的故事

现在我们来学习一下有趣的维度。

什么是维度？

现在有个流行词叫“降维打击”，这个“维”指的是“维度”吗？

没错。我们来具体讲解一下维度。首先，一维是线段。

那么二维就是面啰。

啊哈！线成面，面成体。三维是立体图形吗？

看来你已经理解什么是维度了。但是有些数学家认为，即使同样是一条线，其维度也不尽相同。

线不都是一维的吗？

为了表示线的弯曲程度，数学家们利用小数来表示其维度，并称之为分形维数。直线的分形维数就是1，除此之外的其他线的分形维数要比1大。数学家们通过计算，得出科赫雪花的分形维数大约是1.2619。

这是怎么求出来的？

分形维数非常难求，得用到高中数学中的对数知识。柯马，等你数学水平达到一定程度后，我再教你具体的内容。

原来如此。分形维数有什么用处吗？

看看下面三幅地图。

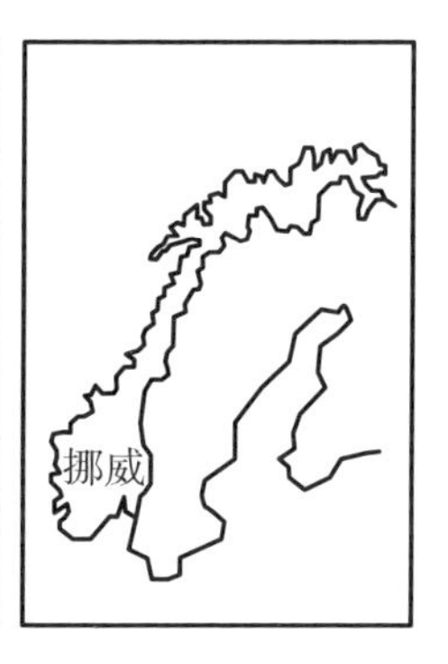


这不是英国、澳大利亚、挪威的地图吗？

没错，从地图上观察三个国家的海岸线。分形维数可以用来表示海岸线的曲折程度。根据数学家的相关研究，英国海岸线的分形维数是1.25，澳大利亚海岸线的分形维数是1.13，而挪威海岸线的分形维数是1.52。也就是说，澳大利亚海岸线相对平直，最接近直线，而挪威的海岸线最曲折、最复杂。

所以，鬈发的分形维数要比直发更大吗？

是的，鬈发的分形维数比直发更大。

天哪，现在我们竟然都会用数学来解释鬈发和直发了。

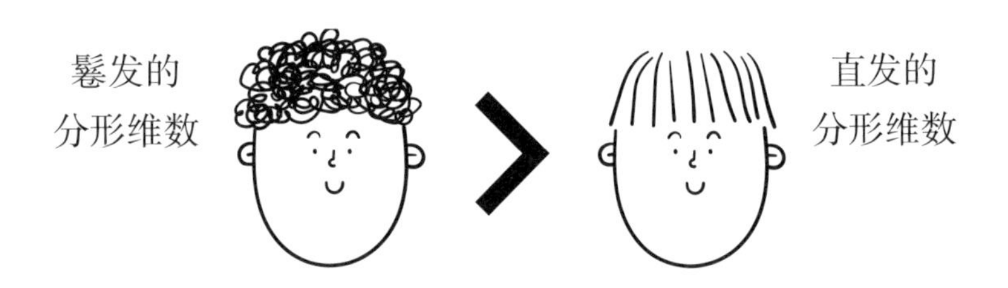

## ⋙ 概念整理自测题

1. 球是几维图形？

2. 英国的东、西海岸线，哪一边的分形维数更大？

3. 下图中，每根木棍的长度是1米，该图形的面积是5平方米。请重新摆放木棍，使其成为一个面积为4平方米的新图形。

## 图形的转换——两个正方形变成一个正方形

如下图所示，将一个大正方形和一个小正方形组合在一起。大正方形的边长是小正方形的两倍。

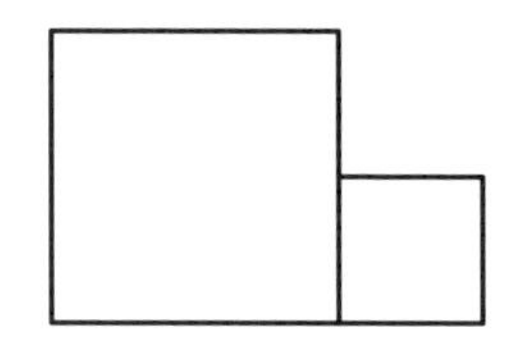

将以上图形进行裁剪拼接，可以得到一个新的正方形。如下图所示，添加两条辅助线。取大正方形下边的中点，易得两条绿色线段的长度相等。

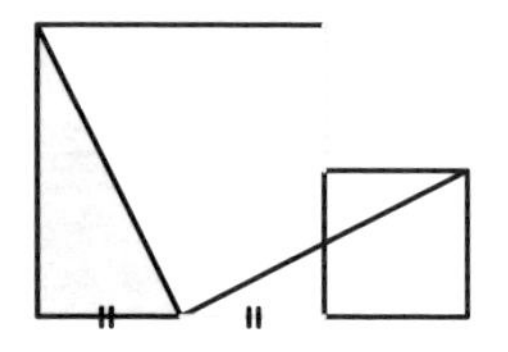

如下图所示，移动绿色直角三角形。

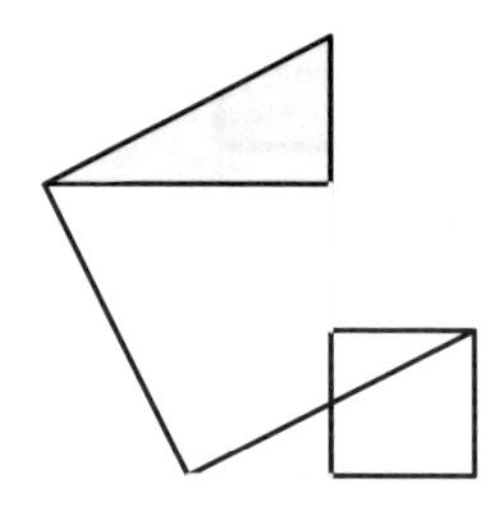

这样组成的形状有点奇怪。为了区分图中上下两个三角形，我们把下方的三角形涂成灰色。

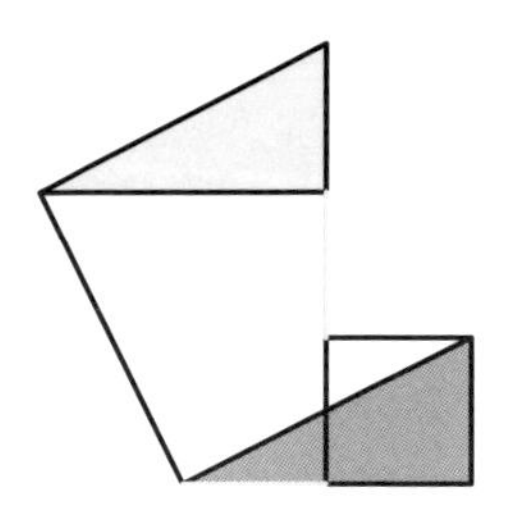

如下图所示，移动灰色的三角形。

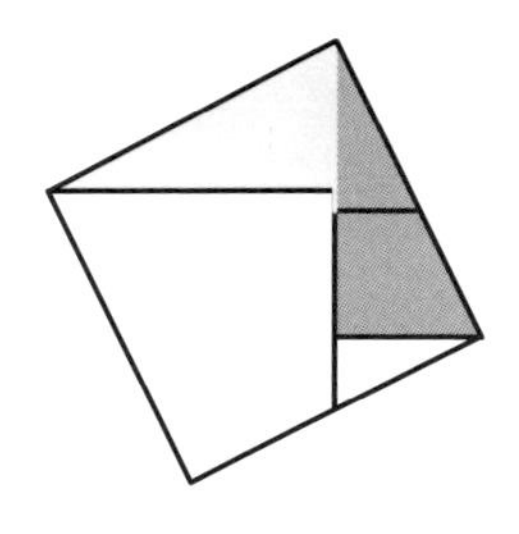

怎么样？是不是变成了一个正方形？这就叫作图形的转换。

# 附 录

[数学家的来信]

毕达哥拉斯

[[illegible]]

小议翻折图形的性质

概念理解自测参考答案

术语解释

|数学家的来信|

# 毕达哥拉斯

（Pythagoras）

各位好。我是来自古希腊的数学家毕达哥拉斯。我生于公元前580年，逝于约公元前500年，人们称我为“数字之父”。听说，“毕达哥拉斯”是人们最为熟悉的数学家，但事实上，大家对我的相关事迹了解得并不多。

我出生的时代，古希腊统治着很多殖民地，而我出生的萨摩斯岛（今希腊东部的小岛）也是其中之一。因此，人们称我为古希腊哲学家、数学家。我自幼有“神童”之称，跟随老师泰勒斯学习数学和天文学，他是当时著名的数学家、哲学家。在我30岁那年，我前往埃及的孟菲斯，在那里潜心钻研数学和天文学。当时，我对分子为1的单位分数产生了浓厚的兴趣。

后来我回到了家乡，想着在那里教授数学。然而，当时的萨摩斯岛的统治者非常残暴，人们没有自由，在那里教数学并不容易，于是我辗转去了意大利的克罗托内，在当地首富米洛的资助下创办了学校。虽说克罗托内是意大利的国土，但当时也属于古希腊的殖民地。

那些推崇追随我的人们逐渐聚集到我所创办的学校，并由此形成了毕达哥拉斯学派。从该校走出去的学生，有三分之一都成为学者，学校的政治影响力也随之扩大。此外，学校坚持男女平等原则，招收了很多女学生。所有人在这所学校的新发现，都会以我的名字命名，且研究和发现只在学派内部交流，严禁外传。

慕名前来的学生很多，我并不会一开始就教授他们数学，而是教给他们净化心灵的方法和哲学。我会警告学生说，数学是连接人与神的学问，如果不能洁净自己的身心，没有正确的哲学理念，而去草率地学习数学，最后可能会变成疯子。

当时流传着一个有趣的故事，解释了人们为什么想要跟我学习数学。有一天，我拿了9个大小相同的面包分给10个人，如果每人分1个，那么就有1个人吃不到面包。于是我把这9个面包称重，按质量给每人十分之一，这样一来，10个人都可以吃到等量的面包，吃到面包的人赞叹我的智慧。从那时起，想跟我学习数学的人蜂拥而至，拥进了我创立的学校。

我认为万物的根源是“数”，有了数，才有了所有的事物和思想。就连善和恶都能用数字来描述。由于当时没有0的概念，我主要研究了从1开始的正整数，把正整数分为奇数和偶数。能被2整除的是偶数，不能被2整除的是奇数。

我又给每个数赋予不同的意义。1是万数之母，象征着智慧；2象征着女性；3象征着男性；4象征着正义；5是2和3的结合，象征着婚姻；6是1，2，3的集合，象征着创造。我认为10是最神圣的数字，因为10是1，2，3，4的和。

我通过研究图形和数的关系，发现了三角形数、四边形数、五边形数等的性质。我因发现直角三角形中的“毕达哥拉斯定理”而声名鹊起。后来欧几里得证明了我发现的“毕达哥拉斯定理”，并将其写在自己的著作《几何原本》中。

虽然我名声很大，但留下的客观资料却很少。不过，大家并没有忘记我，以“数字之父”“毕达哥拉斯定理”“毕达哥拉斯形数”等形式记住了我，真是感激不尽。

# 小议翻折图形的性质

金毕达，2024年（盛林小学）

摘要

本文考察了翻折矩形纸张时形成的角，并找到了它们之间的关系。

## 1. 前言

古希腊数学家泰勒斯发现，对顶角大小相等。利用这一性质，他得出任何一个三角形的内角和都是180°。

当两个三角形全等时，其对应角大小相等，对应边长度相等。这一性质由古希腊数学家欧几里得整理记录在其著作中。

把纸张放在书包携带时，纸张经常会发生翻折。本文就是要探究当纸张发生这样的翻折时，所蕴含的数学性质。

## 2. 矩形翻折形成的两角之间的关系

按照下图翻折矩形。

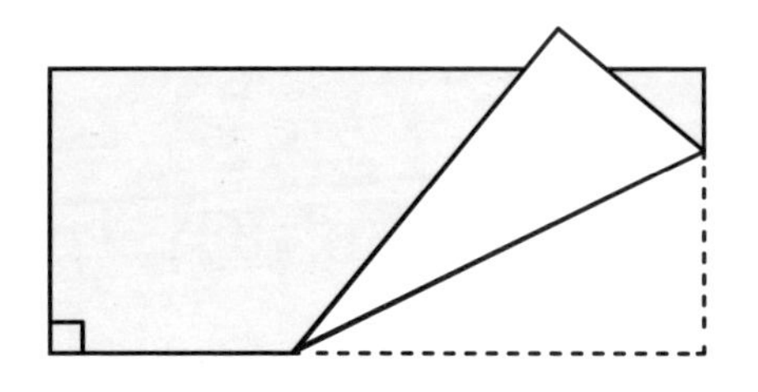

将下图中的各角用字母表示。

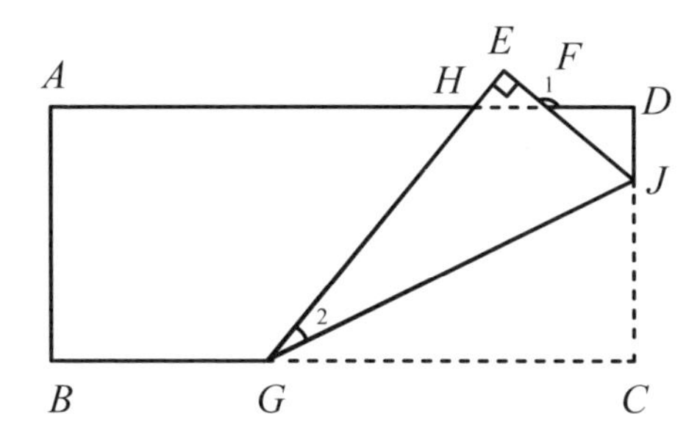


由翻折的是矩形，可知$\angle E = 90°$。求翻折后形成的$\angle EFD$与$\angle EGJ$之间的关系。

证明如下：

将$\angle EFD$标为$\angle 1$，$\angle EGJ$标为$\angle 2$。

$\because \angle 1 + \angle DFJ = 180°$，

$\therefore \angle DFJ = 180° - \angle 1$　　（1）

$\because \triangle DFJ$内角之和是$180°$，且$\angle D$为直角，

$\therefore \angle DFJ + \angle DJF = 90°$　　（2）

把（1）代入（2），则有

$180° - \angle 1 + \angle DJF = 90°$　　（3）

$\therefore \angle DJF = \angle 1 - 90°$　　（4）

$\triangle JGC$翻折上去是$\triangle JGE$，两个三角形全等。

$\because$全等三角形对应角大小相等，

$\therefore \angle EJG = \angle CJG$ （5）

$\because$平角等于180°

$\therefore \angle FJD + \angle FJG + \angle CJG = 180°$ （6）

设$\angle EJG = \angle CJG = x$

$\therefore \angle 1 - 90° + x + x = 180°$ （7）

$\therefore 2x = 270° - \angle 1$ （8）

求出$x = 135° - \angle 1 \times \frac{1}{2}$ （9）

$\because \triangle EGJ$的内角之和是180°，且$\angle E$是直角，

$\therefore \angle 2 + x = 90°$ （10）

代入（9），则有

$\angle 2 + 135° - \angle 1 \times \frac{1}{2} = 90°$

$\therefore \angle 2 = \angle 1 \times \frac{1}{2} - 45°$ （11）

可得出结论：若$\angle EFD$越大，则$\angle EGJ$越大。

**1.** 150°。

提示：钟表表盘为360°，分为12小时，1小时刻度格对应的角的大小是$360° \div 12 = 30°$。当5点整时，时针指向5，分针指向12，因此形成的夹角的大小是$30° \times 5 = 150°$。

**2.** 12，60°

**3.** 6个。

提示：小直角三角形有以下4个。

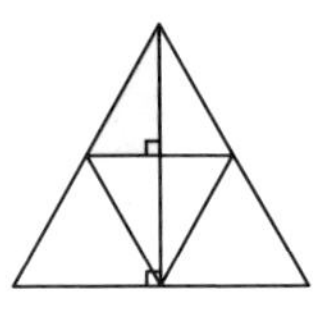 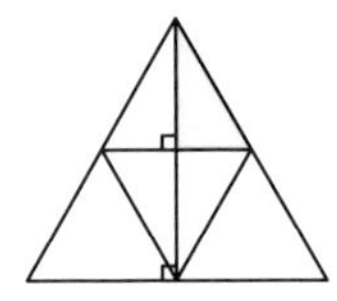 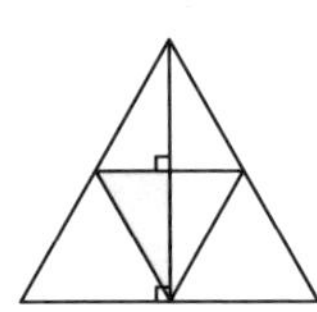 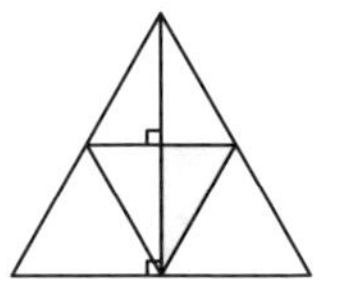

大直角三角形有以下2个。

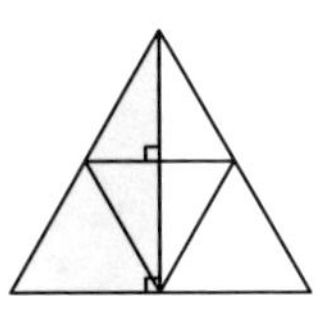 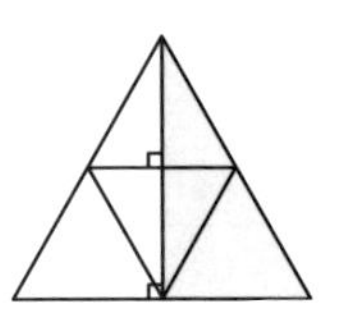

所以大、小直角三角形一共有
$4 + 2 = 6$（个）。

**1.** 24平方厘米。

提示：该三角形底的长度是24 −（10 + 6）= 8（厘米）。三角形的面积是6 × 8 ÷ 2 = 24（平方厘米）。

**2.** 4个。

提示：全等的4个直角三角形用不同颜色来表示，具体见下图。

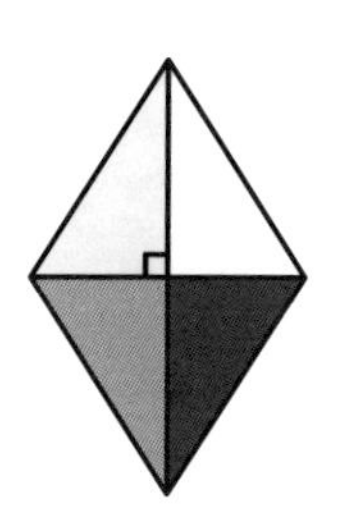

**3.** 20 厘米。

提示：400 = 20 × 20，所以正方形的边长是20 厘米。

**1.** 2个。

提示：第二个图形是由曲线构成的，所以不是多边形。第三个图形是由直线和曲线构成的，也不是多边形。只有第一个和第四个图形是多边形，因此一共有2个多边形。

**2.** 26厘米。

提示：正八边形8条边边长相等，所以一条边的长度是$208 \div 8 = 26$（厘米）。

**3.** 6厘米。

提示：由于线段$BC$与线段$DE$平行，可得$\angle ABC = \angle D$，$\angle BCA = \angle E = 90°$，又$\angle A = \angle A$。$\triangle ABC$与$\triangle ADE$对应的三个角大小相等，所以两个三角形相似，对应边长度之比相等。

$AC:AE = BC:DE$，即$3:(3+5) = BC:16$，所以$BC = 6$（厘米）。

**1.** 13。

提示：设直角三角形的斜边长度为□，根据勾股定理，□ × □ = 5 × 5 + 12 × 12 = 25 + 144 = 169。由169 = 13 × 13，可得□ = 13。

**2.** 64。

提示：根据勾股定理，以直角边为边的两个正方形的面积之和等于以斜边为边的正方形的面积，是8 × 8 = 64。

**3.** 12平方厘米。

提示：在下图等腰三角形中，过顶点$A$作$BC$的垂线$AD$。

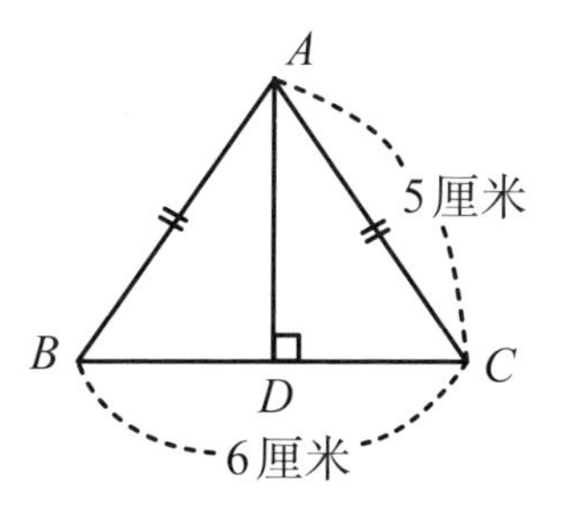

易知$\triangle ADC$与$\triangle ADB$是全等三角形，故$BD = CD = 6 \div 2 = 3$（厘米）。

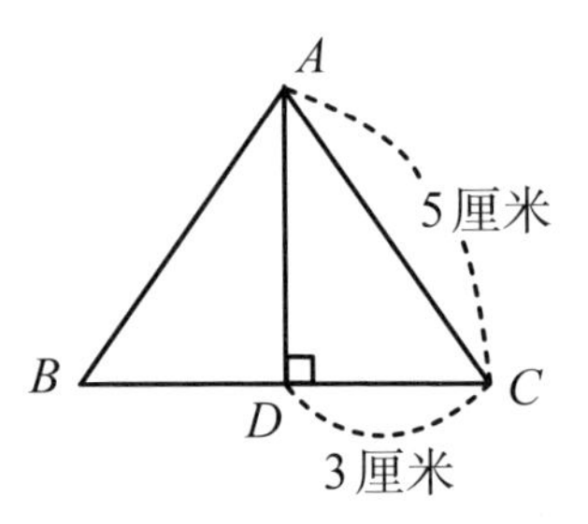


根据勾股定理，得到$\triangle ABC$的高是4厘米，所以该等腰三角形的面积是$6 \times 4 \div 2 = 12$（平方厘米）。

**1.** 108°。

提示：正五边形五条边的长度相等，五个角的大小也相等。

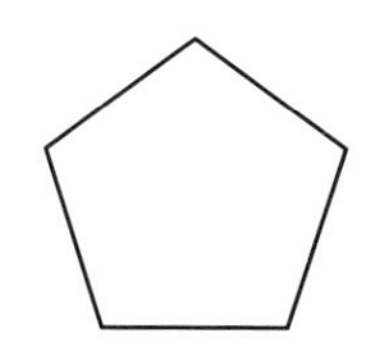

沿着五边形的一个顶点，画出两条对角线，将五边形分为3份，每份都是一个三角形。

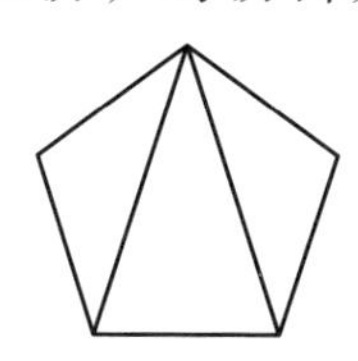

三角形的内角和是180°，而正五边形五个角之和是3个三角形内角之和，即$3 \times 180° = 540°$，可得正五边形一个角的大小是$540 \div 5 = 108°$。

**2.** 根据题意，按下图作画即可。

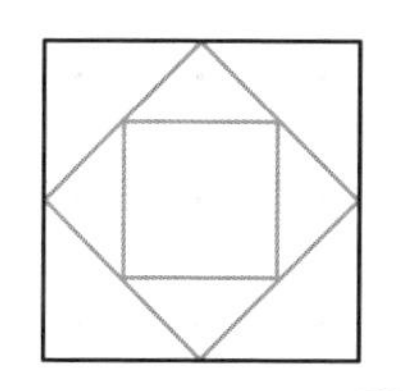

**3.** 15平方厘米。

提示：本题解法不唯一，此处仅介绍一种解法。

按照下图画出辅助线。

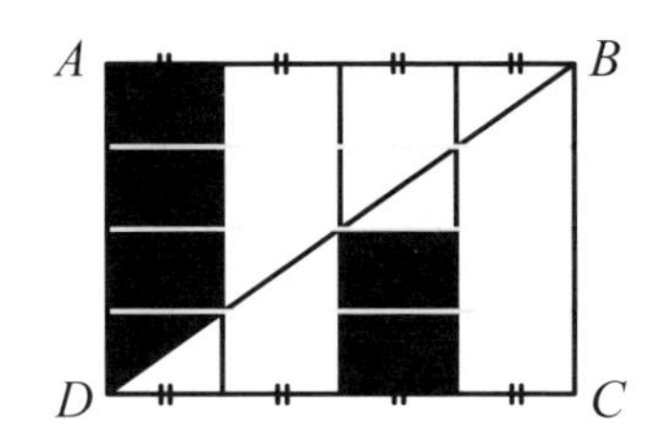


可以看出，矩形$ABCD$是由16个相同的小矩形组成的，一个小矩形的面积是$40 \div 16 = 2.5$（平方厘米）。如下图所示，移动绿色的三角形，可知原来的黑色部分是由6个小矩形组成的，故面积是$6 \times 2.5 = 15$（平方厘米）。

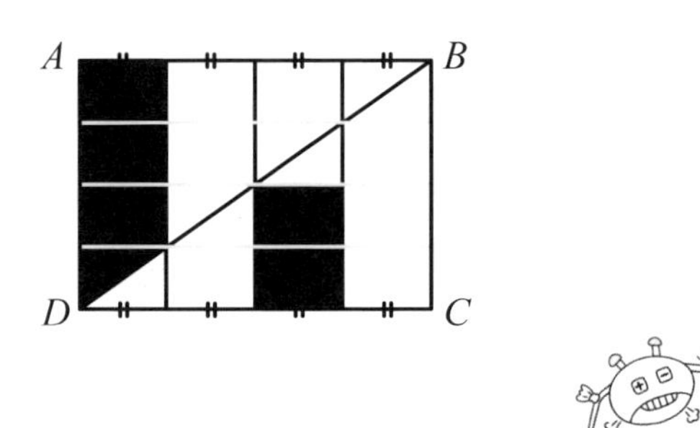


走进数学的奇幻世界！

**1.** 因为球是立体图形，所以是三维图形。

**2.** 西海岸。

提示：英国东海岸的海岸线相对平直，西海岸的海岸线相对曲折，所以西海岸的海岸线分形维数更大。

**3.** 参考图1摆放小木棍即可。至于为什么这样摆放，可参考图2添加辅助线便一目了然。

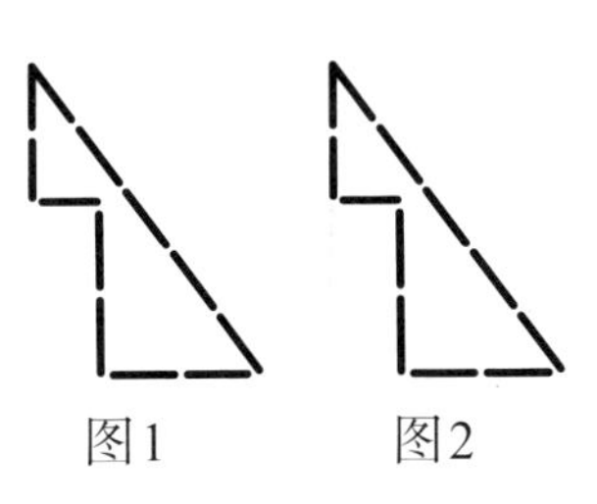

图1　　图2

该图形的面积是三角形的面积减去矩形的面积。三角形的高是4米，底边长度是3米，三角形的面积是 $\frac{1}{2}\times 3\times 4=6$（平方米）；矩形的宽是1米，长是2米，故矩形的面积是 $1\times 2=2$（平方米）。由此可得该图形的面积是 $6-2=4$（平方米）。

## 术语解释

毕达哥拉斯（前580—约前500），古希腊著名数学家、哲学家，生于萨摩斯岛。毕达哥拉斯是一位传奇人物，开创了毕达哥拉斯学派。

三条边相等的三角形。

两条边相等的三角形。

连接多边形任意两个不相邻顶点的线段。

在同一平面内，由不在同一条直线上的三条及以上线段首尾顺次相接组成的封闭图形。

## 术语解释

图形的局部与整体有一定程度的相似关系。

勾股定理即毕达哥拉斯定理，直角三角形两条直角边的平方和等于斜边的平方。

由公共端点的两条射线组成的几何图形。分为钝角、直角、锐角等。

角的大小。两条相交直线中的任何一条与另一条相叠合时必须转动的量。

四个角都是直角的四边形，也叫长方形。

## 术语解释

矩形的面积 = 长 × 宽

邻边相等的平行四边形。

菱形的面积 = 对角线$a$ × 对角线$b$ ÷ 2

蒙德里安（1872—1944），荷兰现代画家，几何抽象画派的先驱，擅长用几何图形作为基本元素来创作绘画。他的作品对美术、建筑、时尚等领域产生了巨大影响。

在同一个平面内，不相交的两条直线叫作平行线，也可以说这两条直线互相平行。同理，同一个空间内的两个平面之间没有任何公共点

## 术语解释

时，也称之为平行。

### 平行四边形

两组对边分别平行的四边形。

### 平行四边形的面积

平行四边形的面积 = 底 × 高

当两个图形形状相同、大小相等，能够完全重合时，称这两个图形全等。全等形的对应边相等，对应角相等。

### 三角形

在同一平面内，由不在同一条直线上的三条线段首尾顺次相连围成的封闭图形。

### 三角形的面积

三角形的面积 = 底 × 高 ÷ 2

## 术语解释

四边形遇到外力，形状很容易发生变化；而三角形具有稳定性，即便在外力的作用下，形状也不容易发生变化。

在同一平面内，由不在同一条直线上的四条线段首尾顺次相连围成的封闭图形。

只有一组对边平行的四边形。

一个图形按照一定比例缩小或扩大，所得到新图形称为原图形的相似图形，也可以说这两个图形相似。若两个图形相似，则对应角相等，对应边成比例。

## 术语解释

各边长度相等，各角大小相等的多边形。

四边相等、四个角都是直角的四边形。

正方形的面积 = 边长 × 边长

两条直线或两个平面垂直相交形成的角。1直角 = 90°，2直角 = 1平角 = 180°，3直角 = 270°，4直角 = 1周角 = 360°。

三个角中有一个角是直角的三角形。